世界の阿蘇に立野ダムはいらない
PART 3

阿蘇ジオパークに立野ダムはいらない

ダムが
阿蘇・白川・
有明海に
与える影響

立野ダム問題ブックレット編集委員会
立野ダムによらない自然と生活を守る会 …………［編］

花伝社

阿蘇ジオパークに立野ダムはいらない◆目次

表紙：立野溶岩の柱状節理（立野峡谷右岸）二〇一五年一二月一九日撮影
裏表紙：立野峡谷と南阿蘇鉄道立野橋梁を下流側より望む、二〇一四年八月一七日撮影
立野ダム完成予想図（国土交通省資料より）
新緑の立野峡谷（南阿蘇鉄道白川橋梁とトロッコ列車）二〇一五年四月二六日撮影

はじめに

私達はこれまで立野ダム問題に関して、二〇一二年一二月に『世界の阿蘇に立野ダムはいらない』、二〇一四年七月に『ダムより河川改修を』と題する二冊のブックレットを出版してきました。その後の情報開示請求で国土交通省や熊本県が開示した資料の検討や専門家の指摘、現地調査などを通して、立野ダム問題に関する新たな事実が明らかになりました。立野ダム建設が流域に安全をもたらすのではなく、災いをもたらすものであるという私達の主張が、開示された資料でも裏付けられました。

一方で立野ダムの事業者である国土交通省は、二〇一六（平成二八）年度にも仮排水路工事を完成させ、立野ダム本体工事に着手しようとしています。そこで、新たに明らかになった事実を世に知らせるために、三冊目のブックレットを出版することになりました。

これまでのブックレットは、二〇一二年の九州北部豪雨の被災状況や求められる治水対策、その後の河川改修の状況などを中心に編集しました。今回は、立野ダムをつくってはならないことを国交省が開示したデータや、日本全国の穴あきダムの例を見ることにより考えたいと思います。また、阿蘇火山の生い立ち、立野ダム建設が阿蘇・白川・有明海に与える影響、ダムによらない地域づくりについてもまとめました。

地理：白川は熊本県の中央部に位置する河川で、その源を阿蘇・根子岳に発し、阿蘇カルデラの南の谷（南郷谷）を流下し、同じく阿蘇カルデラの北の谷（阿蘇谷）を流れる黒川と立野で合流した後、熊本平野を貫流して有明海に注ぐ、全長七四キロメートル、流域面積四八〇平方キロメートルの一級河川です。

阿蘇カルデラ（外輪山）は、南北二五キロメートル、東西一八キロメートルで、中心部に阿蘇高岳をはじめとする中央火口丘群があり、カルデラ底を北部の阿蘇谷、南部の南郷谷に分断しています。カルデラ内の阿蘇谷と南郷谷には湖底堆積物があり、最近までカルデラ湖があったことがわかっています。この阿蘇カルデラの唯一の切れ目である立野火口瀬に、立野ダム建設がすすめられようとしています。

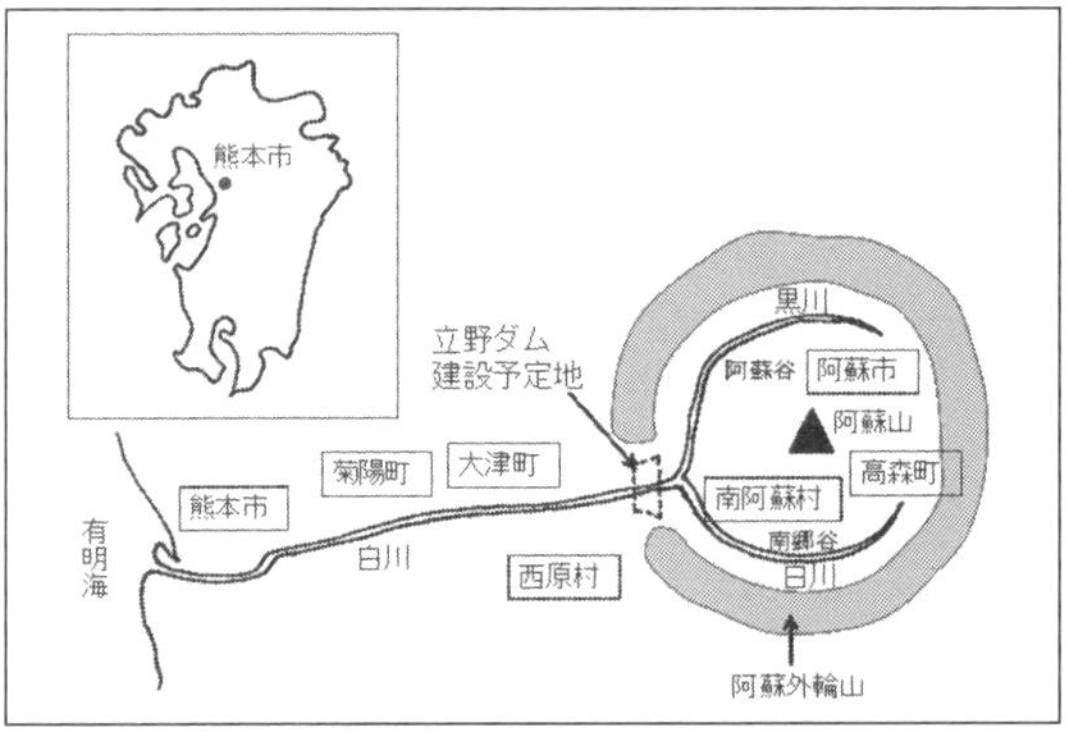

白川と立野ダム予定地、阿蘇山の位置

南方上空から見た阿蘇カルデラ全景　2013年7月9日撮影

北外輪山から見た「阿蘇の涅槃像《ねはんぞう》（お釈迦様の寝姿）」。根子岳が顔、高岳が胸、中岳がおへそと言われている
2015年6月6日撮影

第１章　阿蘇火山と立野峡谷の生い立ち

１　阿蘇火山の生い立ち

南北二五キロメートル、東西一八キロメートルもの巨大な陥没地形、「世界最大級のカルデラ」阿蘇火山は、どのようにしてできたのでしょうか。

二三〇〇万年前より大規模な地殻の動きで、別府から熊本市、島原に続く「別府―島原地溝」ができました。その長さは一五〇キロメートル、幅は三〇～五〇キロメートル、深さは最深部で一〇〇〇メートル以上あるといいます。その地溝は、長年の間に火山噴出物などで埋まり、今は目立ちません。「別府―島原地溝」は、今日までで三回の大きな隆起と陥没を繰り返し、マグマができやすくなって阿蘇火山が生まれました。

阿蘇火山は、約二七万年前を初めとして、一四万年前、一二万年、

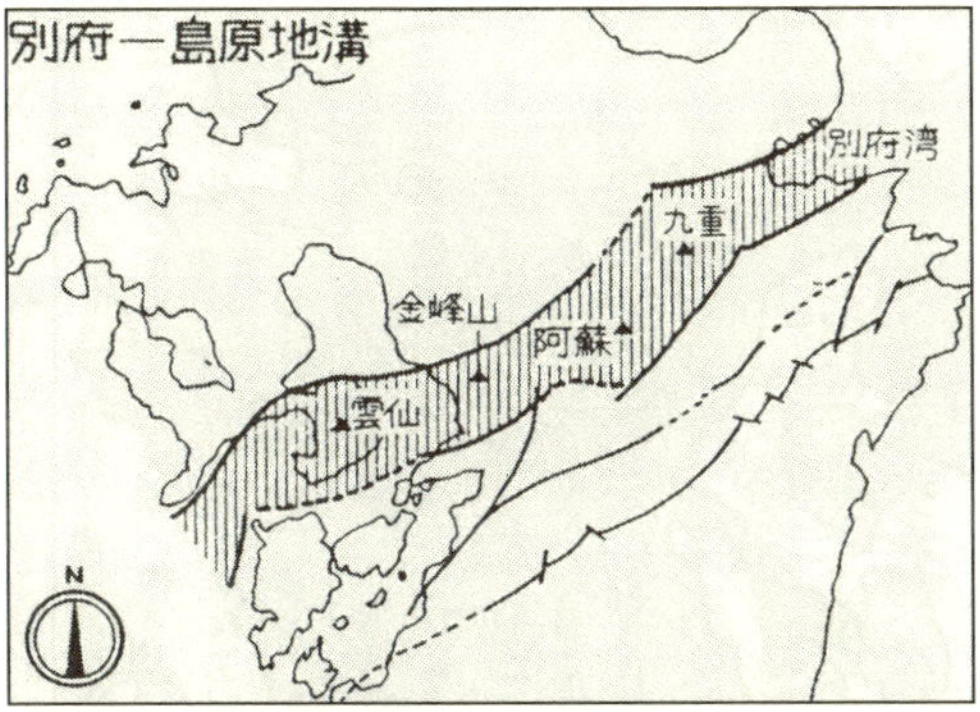

別府―島原地溝（熊本日日新聞「新阿蘇学」より）

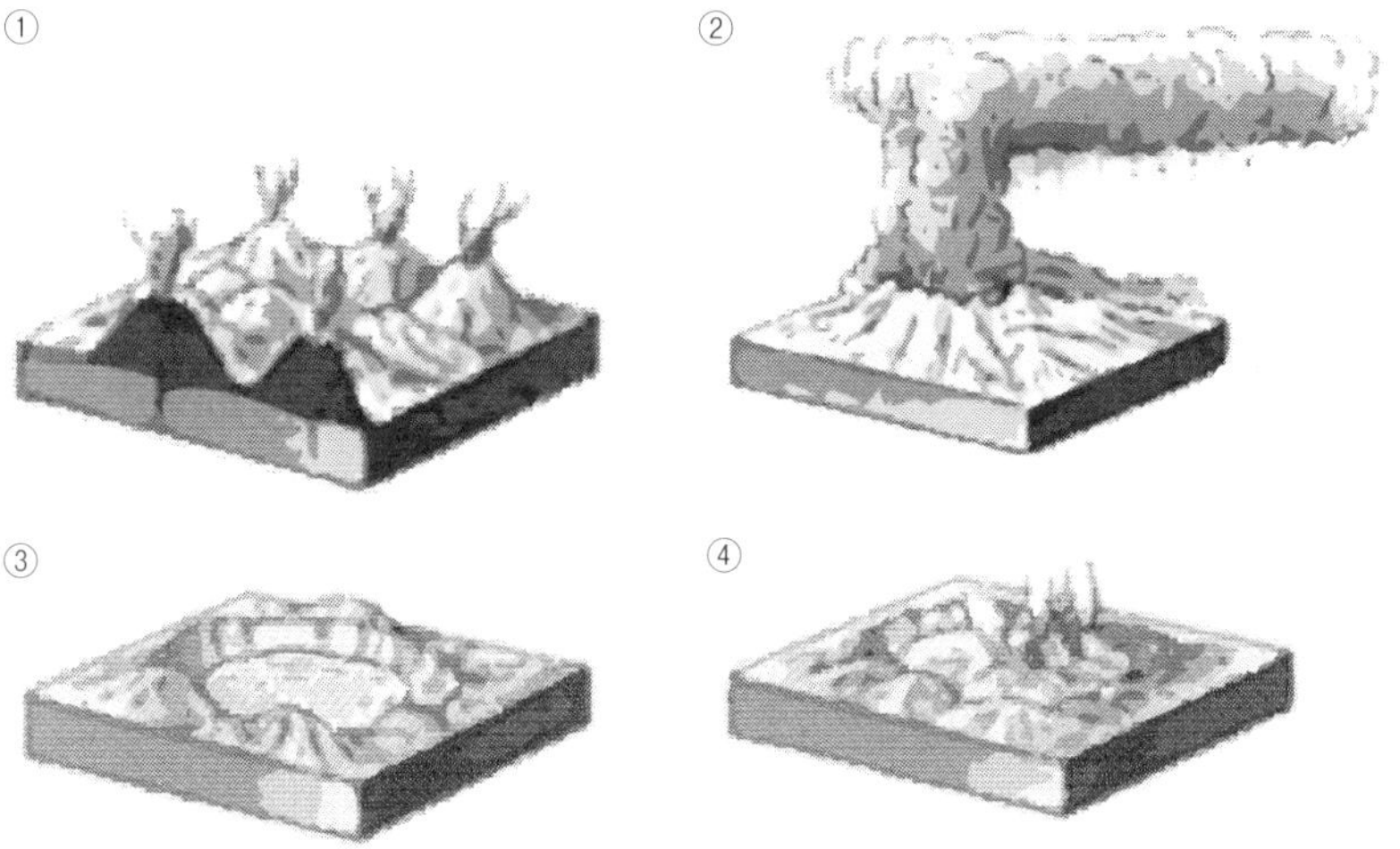

①約 27 万年前まで多くの小さな火山が活発に活動していた
②約 27 万年前～ 9 万年前、活発な火山活動が繰り返し起こった
③地中から大量のマグマが噴出し、地下に空洞ができたため、地面が陥没してカルデラができた
④カルデラの中から新たな火山（中央火口丘群）が生まれ、活動を始めた
（「猫岳子の阿蘇火山の本」より引用）

九万年前と、四度にわたる大火砕流噴火を起こしました。中部九州の平坦な地形は、ほとんどこの四回の火砕流堆積物がつくっています。この火砕流堆積物を重ね合わせた厚さは二〇〇メートルを超えるところもあり、平均の厚さは五〇メートルに達しています。

カルデラ（大量のマグマの噴出によって陥没した大きなくぼ地）形成以前、現在の阿蘇一帯には数多くの「先阿蘇火山群」と呼ばれる小火山があったことが分かっています。現在の阿蘇外輪山は、それらの小火山が陥没しなかった部分です。

阿蘇火山はおよそ二七万年前に、まず現在のカルデラ中央付近から火砕流を噴出して陥没、小さなカルデラを作りました。カルデラ内には中央火口丘ができ、火砕流の上には樹木が生い茂っていました。その後、再びカルデラ内で大噴火が始まり、火砕流は付近の樹木を焼き尽く

噴火する阿蘇中岳　2015年1月18日撮影

し、その後起きた陥没でカルデラはさらに拡大し、その中に再び中央火口丘ができました。このような過程を四回繰り返して阿蘇カルデラは拡大しました。

約九万年前の四回目の噴火が最も大規模であり、一〇〇〇℃にも達する高温の火砕流が海を渡って山口県まで達し、九州に生息する生物は壊滅的な打撃を受けたと考えられます。火山灰は一七〇〇キロメートル離れた北海道東部でも一〇センチメートル以上の厚さで残っています。

現在の阿蘇は、四回目の噴火の後に拡大したカルデラ内に、中央火口丘群が形成された状態です。中央火口丘群がほぼ現在の姿になったのは、杵島岳、往生岳、米塚が噴火していた二～三〇〇〇年前です。考古学の研究では、約三万年前から大観望付近には旧石器人が住んでいたことが分かっており、阿蘇の生い立ちを目撃した人類がいたことになります。

2　立野峡谷の生い立ち

阿蘇外輪山を断ち切る立野火口瀬。神話では、健磐龍命《たけいわたつのみこと》が蹴破って、尻もちをついて「立てんのう」と言ったからだと伝えられます。

阿蘇の大噴火によりくぼんだカルデラに雨水がたまったカルデラ湖は、複数回出現したと考え

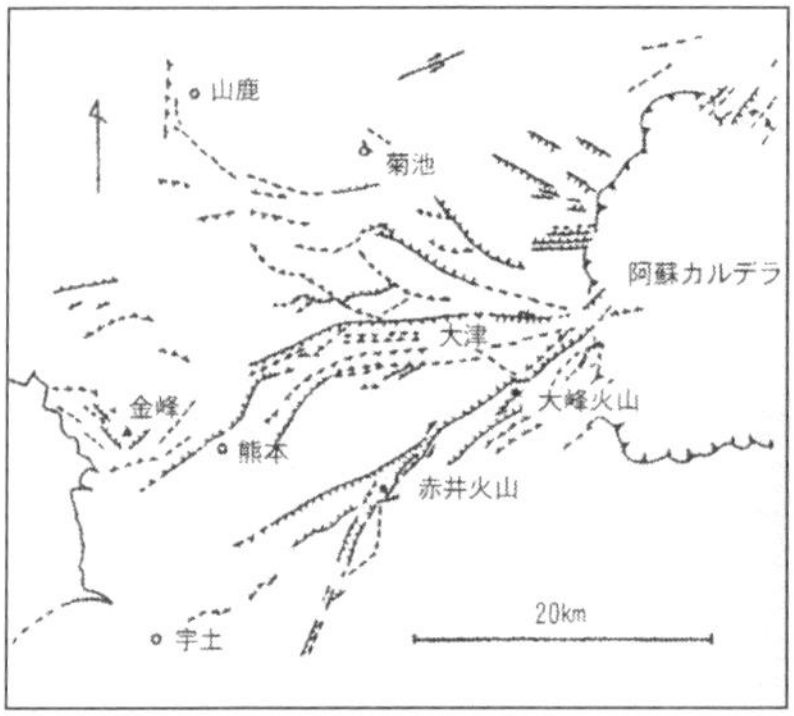

阿蘇西麓地域の活断層とリニアメント（「阿蘇火山の生い立ち」より引用）
阿蘇カルデラ縁の切れ目に断層があり、これが立野火口瀬をつくったと考えられる。

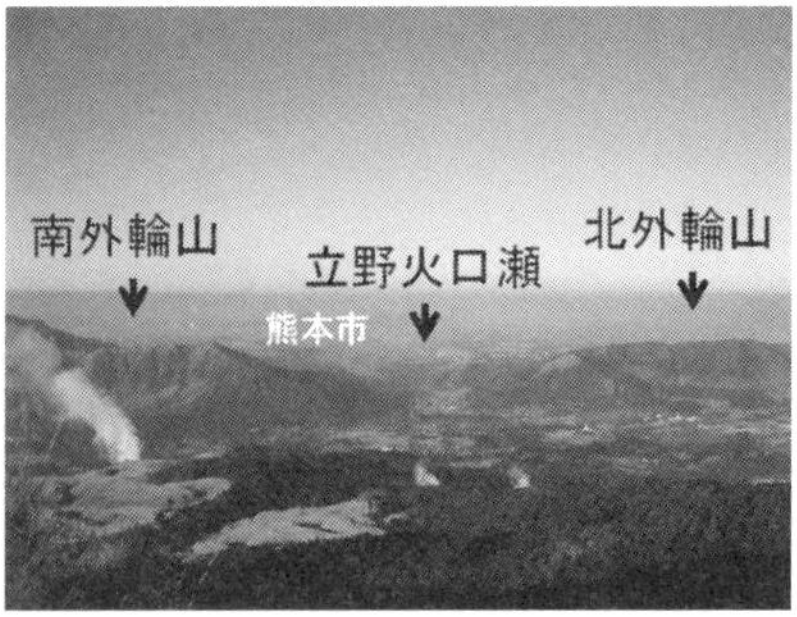

立野火口瀬を烏帽子岳より望む。立野峡谷、白川、金峰山、雲仙がほぼ一直線上に見える
2013年1月6日撮影

られます。最初のカルデラ湖（古阿蘇湖）は、約九万年前の四回目の大噴火によるカルデラ生成後にできました。

では、阿蘇外輪山は、なぜ立野で切れたのでしょうか。阿蘇から熊本市へ至る一帯は、よく見ると東西方向が基調になった地形をしています。阿蘇の中央火口丘をつくる火山群は東西方向に並び、その西に立野火口瀬が開いています。火口瀬を流れ出た白川は西へほぼ一直線に流れて有明海に注いでいます。

このような地形は、地下を何本もの活断層がほぼ東西方向に複雑に走るためだと言われます。阿蘇外輪山が、その北と南を走る二本の活断層の間で落ち込んでできたものが、立野火口瀬（古火口瀬）です。この二本の活断層の一つは、立野から南西方向に向かう北向山断層です。この活断層は、落差約二〇〇メートルの北落ちの正断層です。もう一つは、西方向に向かう南落ちの正断層です。この正断層の下を、上井手が流れています。熊本平野南部は、これら二つの活断層の間に挟まれた地域です。

立野火口瀬（古火口瀬）はその後、阿蘇火山の溶岩で埋ま

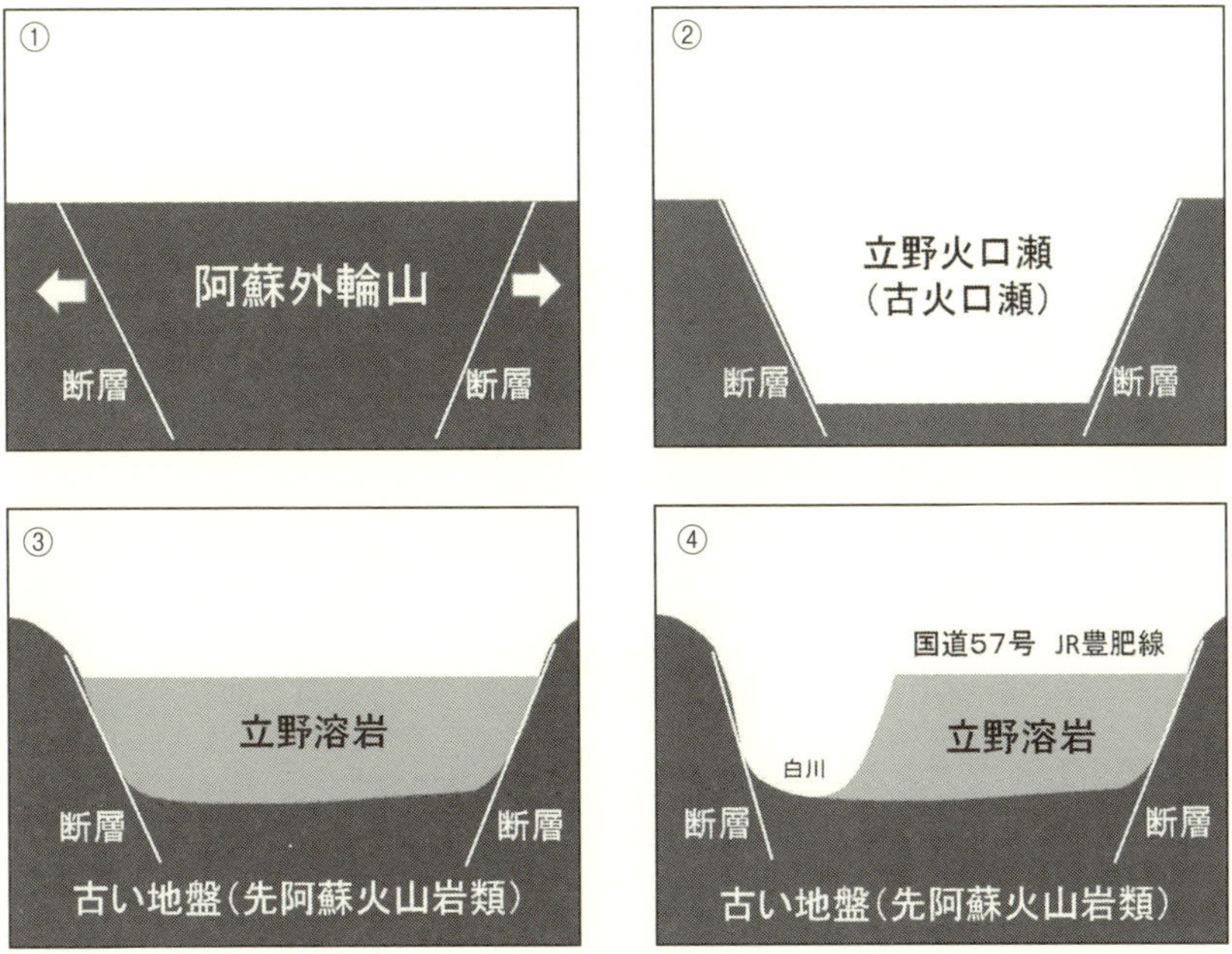

①立野火口瀬付近を外輪山の内側（東側）から見たイメージ。２本の活断層が走る外輪山が南北に引っ張られた
②２本の断層の間が陥没して、立野火口瀬（古火口瀬）ができた
③立野火口瀬（古火口瀬）は、溶岩でうずまっては浸食された
溶岩でうずまった時にはカルデラ湖が現れた
④現在の立野火口瀬。立野峡谷北側の立野溶岩の上に国道 57 号や JR 豊肥線が走る

るなどしてせき止められて、阿蘇谷と南郷谷は複数回、雨水がたまってカルデラ湖が出現しました。最後のカルデラ湖は阿蘇谷で、八九〇〇〇年前頃、南郷谷で四万年前頃まで存在していたと考えられます。

　このように、断層が落ち込んでできた立野火口瀬が、溶岩で埋まっては浸食されることを繰り返し、現在の立野峡谷ができました。外輪山が立野で切れて白川ができたときの土石流堆積物の上に、熊本市はあるのです。また、阿蘇の火山灰が有明海に流れ込み、有明海の干潟や濁りを生み、そのことが生物の多様性をつくり上げています。

3　鮎返りの滝・数鹿流ヶ滝《すがるがたき》

立野峡谷は阿蘇カルデラの西端に位置し、阿蘇カルデラ内の全河川の水がカルデラ外に流れ出る唯一の谷です。立野峡谷には、白川に鮎返りの滝（落差四〇メートル）、黒川に数鹿流ヶ滝（落差六〇メートル）があります。この二つの滝は、いつ頃、どのようにしてできたのでしょうか。

現在の立野火口瀬ができる以前にあった古火口瀬を、およそ六万年前に阿蘇カルデラ内の火山

鮎返りの滝（落差 40 m）
2012 年 11 月 23 日撮影

数鹿流ヶ滝（落差 60 m）
2012 年 11 月 23 日撮影

白川・黒川合流点。白川に黒川が直角に合流する
2015 年 4 月 26 日撮影

から溶岩流が流下し、埋めました。その溶岩流の下の層は立野溶岩（層厚が八〇～一〇〇メートルある）とよばれ、長陽大橋の北側（黒川右岸）や立野ダム本体予定地（白川右岸）などに見事な柱状節理（溶岩の冷却時にできた角材状の割れ目）を見せています（表紙写真参照）。その状況から当時の古火口瀬をしっかり埋めてしまったと考えられます。

溶岩流の上の薄い層が赤瀬溶岩と呼ばれ、現在ここに、数鹿流ヶ滝がかかっています。一方の鮎返りの滝は、立野溶岩、赤瀬溶岩よりも以前に白川本流を立野東方より戸下まで流れ下った鮎返ノ滝溶岩にかかっています。

古火口瀬を流下した立野溶岩は立野駅西方約一キロメートルに達し、その溶岩流の末端部に当時の滝ができたと考えられます。その滝が浸食により後退し、戸下の黒川と白川の合流点より現在の位置まで、鮎返りの滝は一二〇〇メートル、数鹿流ケ滝は一七五〇メートルも後退しています。

このように、立野峡谷に見られる、流水の浸食による数キロメートルもの滝の後退は、阿蘇火山のスケールと数万年にわたる時の流れを感じさせてくれます。この、滝が後退して行った立野峡谷に、まさに立野ダム本体がつくられようとしているのです。

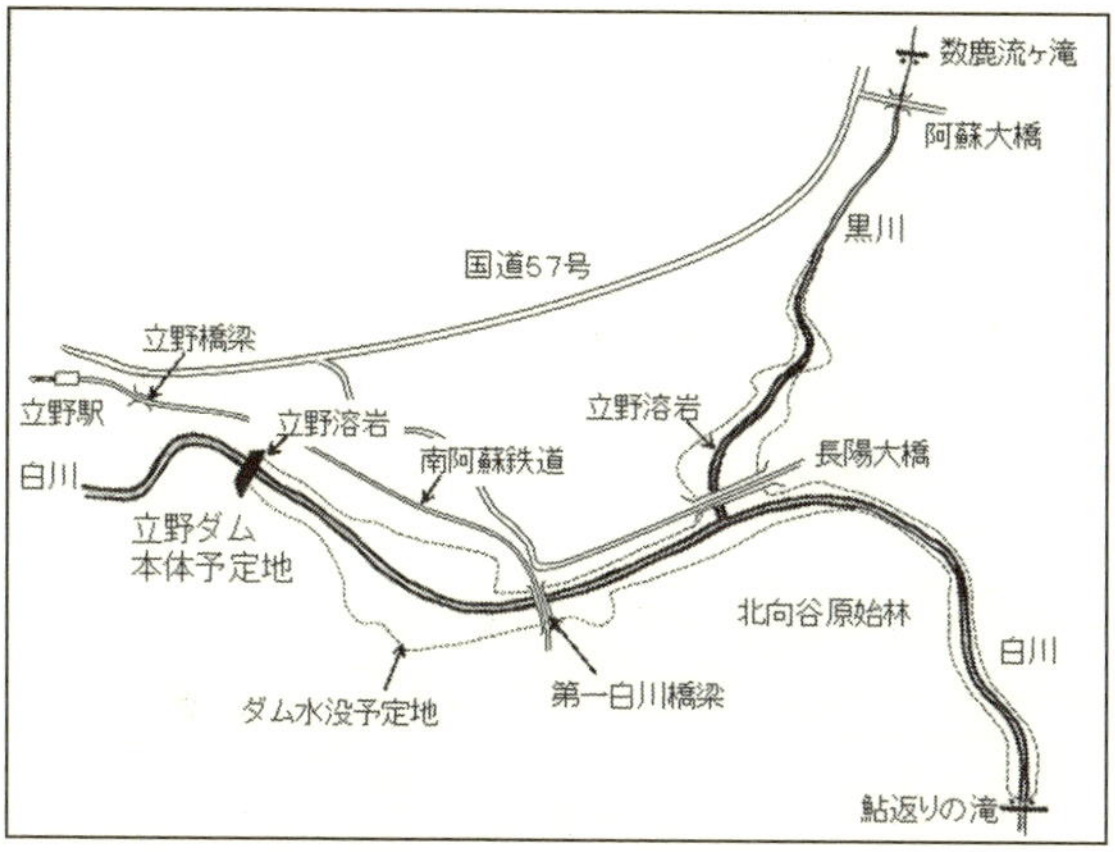

立野峡谷の略図。点線が立野ダム満水時の水没予定地

4 立野ダムが阿蘇ジオパークに与える影響

二〇一四年九月二三日、阿蘇地域は世界ジオパークに認定されました。世界有数のカルデラ中央で中岳が噴煙を上げ、周りに多くの人々が暮らし、野焼きで守り続けた草原が広がる阿蘇は、まさに世界ジオパークにふさわしい場所です。阿蘇ジオパークの重要なジオサイト（ジオパークの中の見どころ）の一つに、立野峡谷が挙げられます。

立野ダム本体予定地右岸は、縦に角材状の割れ目が入った柱状節理と、横に割れ目が入った板状節理が交互に何層にも堆積し、阿蘇形成の歴史を物語っています。ここだけしか見られない学術上も貴重なものです。左岸は、国の天然記念物である北向谷原始林です。けわしい地形に守られて現在に残された貴重な常緑広葉樹林（照葉樹林）です。他にも、数鹿流ヶ滝、鮎返りの滝、白川黒川合流点等、重要なジオサイトがあります。立野峡谷の美しさと谷の深さ、自然のすばらしさには目を見張るものがあります。

立野ダム本体予定地右岸は柱状節理と板状節理が交互に堆積している。工事用仮橋ですでに破壊が始まっている　2015年4月26日撮影

ところが、この立野峡谷に国土交通省は高さ九〇メートルもの立野ダムを建設しようとしています。立野ダムが建設されると、ダム満水時にはダム本体予定地から鮎返りの滝までの約三キロ

メートルが水没します。

ジオパークは、地質遺産を確実に保護するとともに、教育に生かし、ジオツーリズム（地質見学旅行）などによって地域経済の持続的発展をはかろうというものです。立野ダム建設で地質遺産を壊してしまえば、ジオサイトとしての価値はなくなってしまいます。

世界ジオパークは四年ごとに再審査があります。阿蘇が世界ジオパークに認定される際、外輪山の採石場が厳しく指摘されたことから考えても、立野ダムによる地質遺産の破壊で認定が取り消される恐れが十分にあります。世界文化遺産登録も目指す阿蘇にとって、立野ダムはあってはならぬものです。

それでは立野ダム建設は地域に、そして白川流域や有明海にどのような影響を与えるのか、第２章以降で述べたいと思います。

【寄稿】立野ダムにおもうこと２

阿蘇火山博物館　**須藤靖明**

今回は、視点を変えて、有明海に注目してみたいと思う。

雲仙が噴火していた頃、阿蘇から島原へ数え切れないくらいフェリーで往復したり、沿岸を廻ったりした。どうして有明海はこんなに濁っているのだろうかと常々疑問であった。しかし、島原では連日海の幸が沢山食べられ、豊富な漁場となっているのを知らされた。一説には、濁っているからこそ、魚介類にとっては逃げ場があって、従って多様性が確保されるんだと。

しかし、似たような閉鎖的様な内海でもある八代海と比べても、有明海はやはり濁っている。漁業者にとっては山と海の関係が重要な関心のひとつであろう。降雨を通して山から河川に流入する水には豊富な栄養素が含まれ、水とともに流れる山地表土の土壌の中にも多くの成分が含まれるので、海域生物にとって重要な恵みとなっているからだろう。

一般に、降雨の行方は、蒸発量・地下へのしみ込み量・河川への流出量からなっており、それぞれが三分の一ずつを占めている。阿蘇カルデラ地域では平野部と比べ降水量が多いため、その分、河川への流出が増加する。

さらに、河川に流出する水には、地下へのしみ込んだ水もかなり含まれる。それは、降雨時に地下へのしみ込んだ水は地下水となって、長時間かかって湧水として地上に流れ出てくる水や人為的に井戸などでくみ上げられた水も含まれるからである。

阿蘇カルデラ内の、このように地表水となった水の大部分は、阿蘇カルデラ縁唯一の欠損箇所である立野渓谷だけから、白川となって有明海に注ぐ。

立野ダムは、このカルデラ縁唯一の欠損箇所に建設される。阿蘇カルデラに降った雨水の蒸発分などを除くほとんどが排出される場所であり、カルデラ内の土砂も排出される場所でもある。

河川を通じた陸域から海域への土砂供給が減少すると、海域の底質が泥化し、様々な海生生物などの生育に影響を与える（特に底生魚介類の生育に変化を与える）。また、干潟や藻場も減少し、海水の浄化能力が減退し、赤潮などの発生件数が増加し、もしくは大規模化することもある。

海域に流れ出る土壌は、泥や砂など様々な大きさを持ったもの（粒径）からなる。一様な粒径だけではないのである。海にとっては（特に底生生物にとって）、この大から小までの様々な粒径の土壌が必須である。例えば、アサリの場合、その稚貝は砂粒子に付着して体を支えて生育する。アサリにとって着生に適した砂の粒径は、〇・五ミリ以上とされている。つまり、アサリには、このような粒子が安定的に必要である。さらに、もっと細かい粒子は海水中に浮遊する。このような粘土粒子は、それが減少すると生物環境にとって大きな影響をもたらすことにもなってくるだろう。

海域面積が約一七〇〇平方キロもある有明海には、その約五倍の流域面積がある。有明海へ流入する主な河川を北から時計回りにみてみると、六角川（流域面積約三四〇平方キロ）、嘉瀬川（同約三七〇平方キロ）、最大の筑後川（同約二九〇〇平方キロ）、矢部川（同約六二〇平方キロ）、菊池川（同約一〇〇〇平方キロ）、白川（同約四八〇平方キロ）、二番目に大きい緑川（同約一一〇〇平方キロ）となって、その他が約一三〇〇平方キロである。

白川流域面積は全体の約六％に過ぎないが、阿蘇火山の活動に伴って、山地表土を覆った火山灰が降雨とともに白川へ流出していく。また、カルデラ周辺域に降下した火山灰は筑後川・緑川へも流出する。さらに、阿蘇ではカルデラの拡大が現在も進行中のため、カルデラ縁の斜面崩壊による土砂の流出も大きい。熊本港の度重なる浚渫は白川河口域に堆積する火山灰によるものであろう。

有明海に人工島をつくってできた熊本港
2015年12月30日撮影

広大な干潟が広がる白川河口沖の有明海
2015年12月30日撮影

これらの火山灰および土砂は、その粒径が多様に種々あり、白川などから有明海へ流れていく。粒度の多様性が生物の多様性をもたらすであろうことは容易に想像できる。

有明海の底質は、熊本県沿岸では砂質が主であり、海域北部では泥質に代わり、それぞれ特有の干潟が形成されている。そして、この干潟の面積は約二〇〇平方キロもあり、我が国では顕著に大きな規模である。

有明海に注ぐ河川に建設されたダムが海域に与える影響と、沿岸開発に伴う人為的流入負荷の増大や埋立・干拓・浚渫などの影響を区別することは非常に困難であろう。

しかし、今日、八代海と球磨川との関係、特に最近の進行中のダム撤去工事との関連を多くの漁業者から聞かれる。ダム内における大量の砂の堆積と汚濁負荷の生成が、海域の環境に大きな影響を与えていたことは確からしい。

このような影響調査は既になされたであろう。そして、穴あきダムだから影響は無いとしたのだろうか。

【コラム】阿蘇が育む日本一の地下水

白川水源（南阿蘇村）をはじめ、阿蘇には有名な水源がたくさんあります。豊かな湧き水を育んでいるのが、阿蘇の草原です。九州の一級河川のうち白川、緑川、菊池川（以上熊本県）、筑後川（福岡県）、大野川（大分県）、五ヶ瀬川（宮崎県）の六本は阿蘇が源流です。阿蘇の草原は九州の水がめなのです。

阿蘇に降った雨は、草原で地下にしみこみ、阿蘇カルデラ内の多くの水源で湧き出します。それらが白川と黒川に流れ込み、今度は白川中流域（大津町や菊陽町など）で農業用水として使われ、田畑にしみこんで再び地下水になります。

人口約七四万人の熊本市は、水道水源の全てを地下水で賄っています。これは人口五〇万人以上の都市としては日本唯一、世界でも稀少な都市となっています。また、阿蘇外輪山の西側には熊本市を含む一一市町村があり、約一〇〇万人の人々が暮らしています。この熊本地域においても水道水源のほぼ全てを地下水で賄っています。

阿蘇火山は、約二七万年前から約九万年前にかけて四度にわたる大火砕流噴火を起こしました。その火砕流が厚く降り積もり、すきまに富んだ水を育みやすい地層ができあがりました。

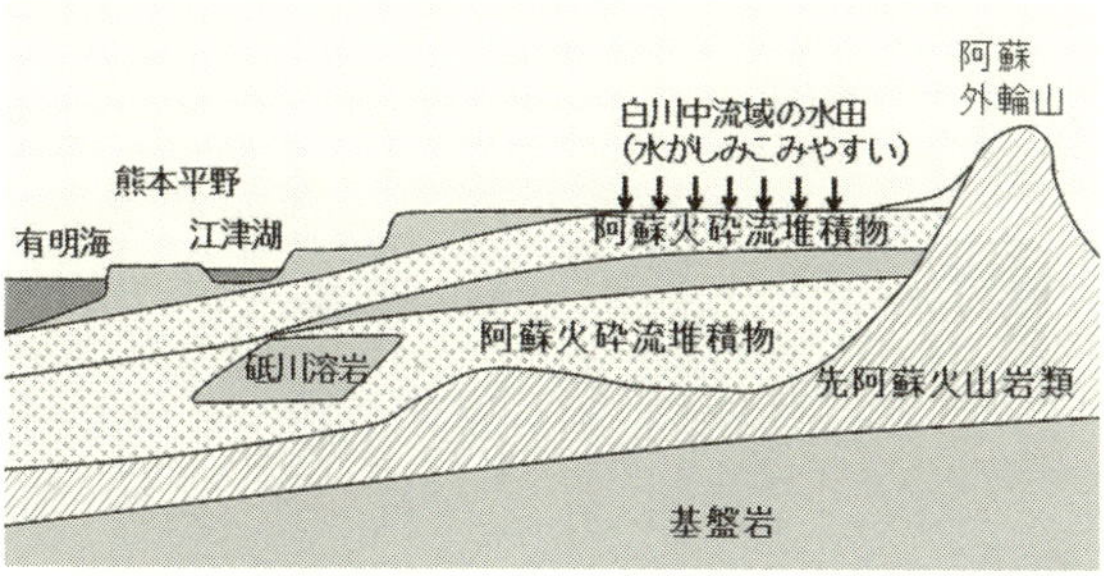

熊本地域の地層断面模式図。透水性の高い阿蘇火砕流堆積物が厚く堆積し、熊本の豊かな地下水を育んでいる

そして約四二〇年前、肥後に入国した加藤清正は、白川の中流域などに多くの堰と用水路を築き水田を開きました。特に白川中流域の水田は通常の五倍～一〇倍も水が浸透します。水が浸透しやすい火山性の土地に水田を開いていったので、大量の水が地下に供給され、ますます地下水が豊富になりました。

阿蘇の「自然のシステム」と、加藤清正はじめ先人の努力による「人の営みのシステム」が絶妙に組み合わさり、熊本の地下水システムが成立しています。阿蘇外輪山から熊本市まで、約二〇年の歳月をかけて地下水は磨かれます。その間、ミネラル分や炭酸分がバランスよく溶け込み、おいしく体にやさしい天然水になるのです。

第２章　穴あきダムの背景

弁護士　板井　優

１　はじめに

戦後、わが国では洪水対策を重視した多目的ダムが造られ、一九六〇年代の後半から一九九〇年代の初めにかけて、様々な目的のための特定多目的ダムが建設されました。

しかし、その後は、治水専用ダムが大きな流れとなり、穴あきダム建設事業の時代へと入りました。ここでは、穴あきダムの問題点は別に譲るとして、その背景を見ていきたいと思います。

２　穴あきダムとは？

ダムとは一体なんでしょうか？　この質問に示唆的な説明が『広辞苑』でなされています。

ダムとは、発電・利水・治水などの目的で水を貯めるために、河川・渓谷などを横切って築いた工作物とその付帯構造物の総称をいう（『広辞苑』第四版、一九九一年）とあります。しかし、

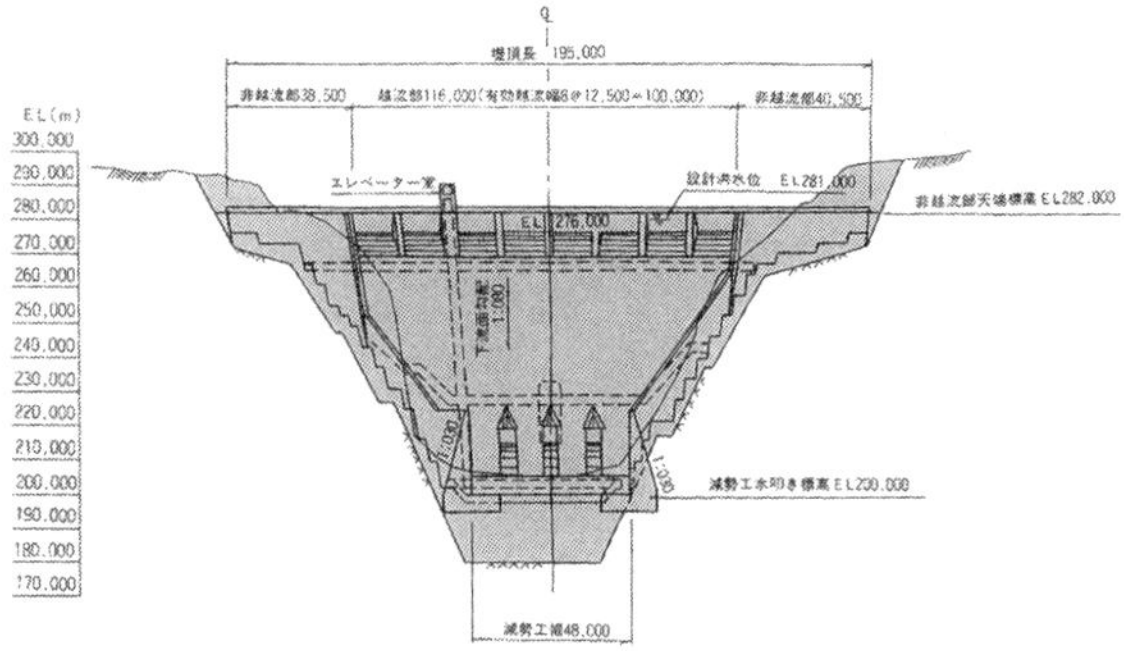

2000 年頃の立野ダム下流面図。3 つの穴は河床から随分上の位置にある

この広辞苑には穴あきダムの項目はありません。当時は、ダムとは河川水を貯めるためのものということが前提だったのでしょうか。

私が、いわゆる穴あきダム（流水型ダムともいう）建設計画を知ったのは、二〇〇四年一月に立野ダム建設計画のパンフレットを見たときです。それまでの立野ダム建設計画では三つの穴は河床から随分上がった位置にありましたが、その時の一つの穴は河床部と同じ位置にありました。穴が上部にあると魚類の遡上を妨げるという批判を受け入れた形でした。

治水専用ダムにはダム湖に貯水するもの（新潟県・加治川治水ダムなど）と、全く貯水を行わないもの（島根県・益田川ダムなど）があり、穴あきダムと呼ばれるものです。穴あきダムは、誤解を恐れずに言えば、河川の上流部に造った巨大な遊水地ということが出来ます。その意味では、穴あきダムは治水目的を実現するための一つの方法に過ぎません。

3　戦後の河川法の経緯と穴あきダム

①戦後のダム建設計画

わが国では、戦後、経済安定本部が中心となってまとめた「河川改訂改修計画」により、全国各地の河川において多目的ダムが建設されました。この時期は、大型台風がわが国を襲い、その水害に対し地域の災害復旧に助成金による復興援助を行う「河川等災害助成事業」が全国各地で実施されます。こうした中で、洪水調節を主目的にした多目的ダムが全国各地で建設されていきました。

ところで、この時期、農水省でも食糧増産との関係で、農地防災を目的とするダムが建設されています。

②河川法の成立

旧河川法が出来たのは明治二九年です。ところで、一九五七年に特定多目的ダム法が施行され、治水を主目的とする国直轄ダムについてはその所有権を国（建設大臣・現国土交通大臣）に一元化し、その他の事業者は使用権を許可されることとなりました。

この頃、熊本県では、建設省が下筌《しもうけ》ダム建設事業を決定しました。そして長崎県では治水ダムとして石木ダム建設事業が持ち上がりました。

さらに、河川の一括管理の必要性が問題となり、一九六四年に新河川法が制定され、一水系のうち一級河川（水系）を国が、二級河川を都道府県管理とするなどとなりました。そして、一九六六年には、熊本県で一九六三年から六五年まで三年にわたる洪水を理由に、建設省による治水専用ダムとして川辺川ダム建設事業が持ち上がります。

③特定多目的ダムへの変更

一九六七年の補助治水ダム事業の導入以降、多くの地方自治体では治水ダムの建設が盛んになったそうです。しかし、当時は、人口増加の著しい時期であり、上水道や工業用水の需要が増加し、国産エネルギー需給体制づくりの一環として、一般水力発電事業の見直しも行われようとする時期でした。これを受けて、治水専用ダムとして計画されていたダムが、特定多目的ダムに計画変更される方向が取られるようになります。

そこで、建設大臣は、ダムを造るにあたっては特定多目的ダム法により、建設省の治水目的、農業用水目的、水道用水目的、工業用水目的、発電目的、流水の正常な機能の維持目的などを持つ特定多目的ダムを造る方向を選択します。

この特定多目的ダムは、究極的には治水が水を貯めておかないことが前提で、その他は水を貯めることが目的という極めて矛盾に満ちたものです。したがって、河床面にダムの穴（放水口）が開いている穴あきダムと比べると、ダムとは一体何だろうという疑問を持つのは私だけではないと思います。

4　特定多目的ダムから治水専用ダム（穴あきダム）への経緯

一九九〇年代以降、バブル崩壊による不況などで、産業形態が変わり、工業用水需要や電力需要も伸び悩み、人口増加が鈍化するにしたがって上水道用水の需要も低下していきます。

　こうした中で、農水省は、構造改善局が農村振興局へと模様替えするなど構造改善事業が一段落し、かつ農水省が農業用水ダムを造るという方針を取っていることもあり、建設省の特定多目的ダム構想から遠ざかりました。もっとも、熊本県阿蘇郡産山村に建設途中の大蘇ダムに至っては、火山性の地質のためにダム湖底から水が抜け、その対策のために三回も変更計画を造るという異常な問題が起こっています。

　ところで、岐阜県揖斐郡にある徳山ダムは、一九七一年に着工、二〇〇八年に竣工した総貯水容量六億六〇〇〇万立方メートルという、特定多目的ダムでは日本最大のダムであります。

　しかし、このダムでは、一九七三年の当初計画では水道水の需要を毎秒一五・五立方メートルと予定していましたが、愛知・岐阜・三重の東海三県と名古屋市は、二〇〇四年までに想定必要量を六・六立方メートルに見直しています。これに対して、徳山ダム建設差し止め訴訟（一審岐阜地裁・控訴審）は「水需要の予測は将来を見越して計画を立てるので、その後変動が起こっても止むを得ない」との判断を示し、最高裁は二〇〇七年二月二二日に「ダム建設は憲法違反にはあたらない」と棄却し、敗訴が確定しています。

　二〇〇〇年には、上水道用水の引き取り手である地方自治体の岐阜県・愛知県・名古屋市が、水余りによって水利権の半分から三分の二を返上するということもありました。長崎県の石木ダム建設計画についても、人口が減少し自治体の維持そのものが難しい中で、佐世保市は水需要が同市の予想に反して低下していることを認めています。

　水力発電に対する開発も限界に達し、熊本・球磨川にある電源開発の運営する瀬戸石ダムは、危険性を指摘されながらも存続しているという有様です。要するに、特定多目的ダムによる利害調節の必要性が急速に無くなってしまいました。

こうした中で、国土交通省（旧建設省）は、治水専用ダムを志向し、中でも穴あきダム建設を推進し始めたのです。

川辺川ダムは一九六六年当初は治水専用ダムとして出発しましたが、五木村が反対したのでこれを抑えるために、下流部の七市町村（当時）の農家へ農業用水を供給して、特定多目的ダム計画として再出発しています。しかし、その後、農水省が利水訴訟で敗訴するなどの事情から、農水省と電源開発が川辺川ダム計画から撤退する中で、治水専用ダム、穴あきダム建設構想が出されました。川辺川ダム建設計画は流域住民・県民の前に、ダムによらない治水計画（河川改修）へと方向を転換されています。そして、こうした河川改修の考えを支持するものとして、「防災安全度」という考えも出されています。

ところで、近年完成した穴あきダムは益田川ダム（島根県）と辰巳ダム（石川県）で、建設中が立野ダム（熊本県）と浅川ダム（長野県）など、あと計画中のものも数件あります。

5　まとめ

以上見たとおり、穴あきダムは治水専用ダムとしては自己完結している観があります。

しかし、想定外の雨が降った場合には機能せずに洪水を調節できない点や、洪水時の流木や巨石などで穴が詰まる蓋然性を否定できず、そのため逆に、下流に水を供給できず農業用水や漁業に必要な水を供給出来ないこと等が指摘されています。

これに対し、農地を利用した遊水地や河川改修で、ダムによらない治水を実現することも十分可能であることも指摘されています。白川水系でも、阿蘇の農地を利用した遊水地や、精力的かつ短期間に行われた河川改修でダムによらない治水を実現しています。

特に立野ダム建設計画は、地質上脆弱なところにダムサイトを構築しようとしている点、阿蘇という巨大な観光資源を否定する人工構造物である点、河川の水で遊びながら自然を味わおうとする人々の欲求に反する点で、ダムによらない治水の方向を選択すべきであります。

治水の方法でダムを選ぶか、河川改修を選ぶかはまさに住民が判断すべきことなのであり、国（国土交通省）はその判断に従うべきです。そして、いずれであっても、想定外の洪水は避けられないのであり、河川改修の方法を前提に「防災安全度」という考えで人命を守っていくソフト面も含めて対応すべきではないでしょうか。

【コラム】水がたまらぬ大蘇ダムと立野ダム

着手から三六年が経過した大蘇ダム（阿蘇郡産山村）が、漏水のために水がたまらず、農業用水の送水が見通せないことが、たびたび大きく報道されています。火山性の地質は透水性が高く、ダムを造っても水がたまらないことを計画時に考えなかったのでしょうか。

漏水を防ぐためにダム湖の大半がコンクリートで覆われている大蘇ダム
2012年3月26日撮影

以前、大蘇ダムを現地調査した時に驚いたのは、漏水を防ぐためにダム湖の大半がコンクリートで覆われていたことです。それでも漏水は止まりません。事業費は増大し、地元の負担は増すばかりです。そのような場所にダムをつくったこと自体が間違いです。

私達が会を立ち上げる前（二〇一二年四月一一日）、国土交通省立野ダム工事事務所の技術面の責任者と意見交換したことがあります。その中で、「地質のことを考えると、立野ダムを建設しても大蘇ダムのように漏水するのではないか」と質問したところ、都地浩一氏（調査品質確保課長）は、「漏水に関しては、流水型ダムなので少々漏れても問題はないと考えている」と回答しました。「それならば、試験湛水（ダム完成後、試験的に半年間ダムに水を貯める）できないではないか」と再質問したところ、回答不能となりました。これではダム完成後、何が起こるか予測もできません。

同じ阿蘇の、しかも外輪山の唯一の切れ目である立野峡谷に造られようとしている立野ダム。阿蘇カルデラが形成された後、断層の動きや浸食のはたらきで立野峡谷ができたのはごく最近のことです。そのような火山地帯に、高さ九〇メートルものコンクリートの構造物を造って大丈夫なのでしょうか。

※それ以降、立野ダム工事事務所に質問状を持って行っても、技術関係の職員は一切出て来ず、総務課長が受け取るだけ。回答も一切しないようになりました。

第３章　立野ダム問題の概要

１　立野ダム計画の概要と進捗状況

熊本が世界に誇る阿蘇外輪山の唯一の切れ目に、「洪水調節」だけを目的とした巨大なダムがつくられようとしています。立野ダムは、熊本市を流れる白川の上流にある阿蘇・立野峡谷に国土交通省が計画した、高さ九〇メートル、幅二〇〇メートルの洪水調節専用の「穴あきダム」です。ダム下部に設けられた三つの穴（高さ五メートル×幅五メートル）から通水し、普段は水をためないとされます。そのため、農業用水にも発電にも役に立ちません。

一九八三年に事業が開始され、これまでに取り付け道路などの工事は進みました。事業者である国土交通省は、二〇一四年一一月に立野ダム仮排水路トンネルの掘削工事に秘密裏に着手しました。仮排水路トンネルとは、立野ダム本体をつくるために白川の流れを左岸側に迂回させる、長さ四八〇メートル、直径約一〇メートルのトンネルです。現在は、白川本流をせき止め、仮排水路トンネルに流れを迂回させるための締切堤工事も行われています。

国土交通省は、二〇一六（平成二八）年度にも仮排水路工事を完成させ、立野ダム本体工事に

立野ダム下流面図

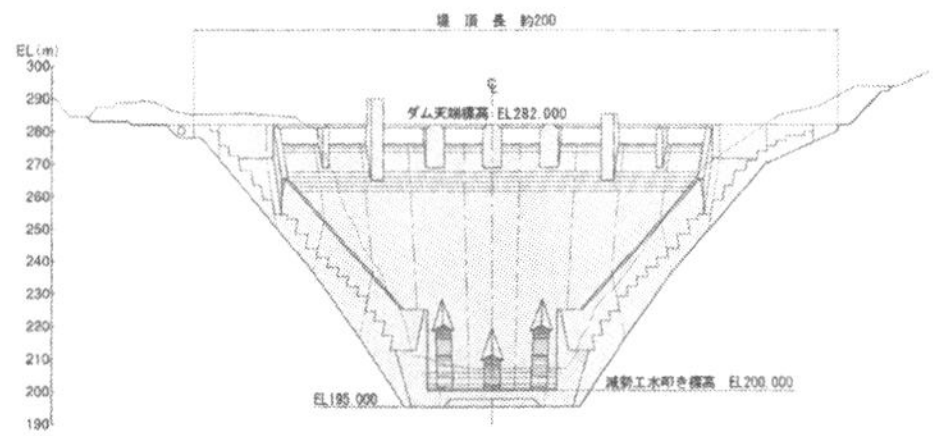

立野ダム標準断面図

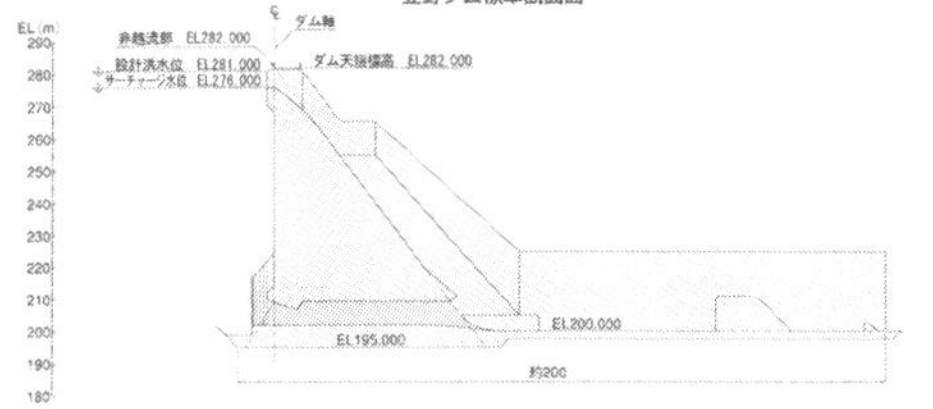

仮排水路トンネル工事と締切堤工事の状況。写真奥のＶ字谷がダム本体予定地
2015年12月19日撮影

着手しようとしています。総事業費は九一七億円（平成二四年度現在）で、熊本県の負担は二七五億円にもなることは、ほとんど知られていません。

2　立野ダムは阿蘇の大自然を破壊する

①国立公園の特別保護地区になぜダムが？

立野ダムは、阿蘇くじゅう国立公園の三六ヘクタールもの広大な自然を水没させます。立野ダ

立野ダム本体予定地上流右岸の現状。写真左奥が北向谷原始林。写真右のV字谷に立野ダムがつくられようとしている　2015年4月26日撮影

ム建設予定地は、現状変更行為が許されない阿蘇くじゅう国立公園の特別保護地区にあり、国の天然記念物である北向谷原始林の一部も水没します。なぜそのようなことが許されるのか環境省に問いただしたところ、**「一九八九年に当時の建設省との協議を経て、立野ダムの建設に同意しているから」と**の理由です。私たちは情報開示請求により、その同意文書を入手しましたが、建設省（当時）立野ダム工事事務所長が環境庁長官（当時）に協議書を提出し、環境庁長官が「異存がない」と回答しただけのものでした。社会情勢が激変した現在、そのような「同意」は当然見直すべきであり、許されないことです。

②立野ダムができれば環境はどうなるのか

穴あきダムは**「普段は水を貯めず、水没するのは洪水調節をする短い時間であるので、環境に与える影響は小さい」**と国土交通省はホームページで主張しています。しかし、洪水時にダム上流側に大量の土砂や岩石、流木、火山灰などがたまり、立野渓谷の環境が破壊されるのは明らかです。また、洪水時のダム湖の水は濁水であるために、洪水後に水位が下がったあとも植物や地面に泥や火山灰が付着し、植生などに大きな影響を与えます。ダム完成時には「試験湛水」が行われ、ダム満水の状態で半年間水没することになる

熊本城前の坪井川。ここにも白川の水が流れている　2015年12月31日撮影

ダム本体予定地には２本目の工事用仮橋がかけられている。写真奥が北向谷原始林
2015年4月26日撮影

ので、北向谷原始林も水没部分の植生は完全に枯れてしまいます。

高さ九〇メートル、幅二〇〇メートルものコンクリートの巨大構造物は、周辺の植生や生物の生息環境を破壊します。立野ダム事業区域ではクマタカをはじめ、国や県が保護すべきと定めている重要種一七四種の動植物が生息し、ダム工事の影響で四二種もの生息地域や個体自体が消失するか、その恐れがあることが国土交通省の調査で明らかになりました。にもかかわらず、環境アセスメントすら実施されていません。

③白川や有明海への悪影響

立野ダムは「穴あきダム」であるために、洪水が終わった後はダム上流側にたまった土砂が露出し、たまった土砂が浸食されて流れ出し、長期間下流の白川を濁します。上井手や大井手をはじめ、大津町から熊本市にかけて、たくさんの「井手」が白川から取水されています。上井手の水は堀川、坪井川を通り、熊本城の前も流れます。これらの水も、白川流域の農業用水も、長期間濁ってしまうことが考えられます。さらには、鮎などの白川の魚族の生育を阻害し、有明海の漁業やノリ養殖に被害が起こることが懸念されます。

３　立野ダムは流域を危険にさらす

①洪水時、立野ダムは機能しない

洪水調節専用の「穴あきダム」である立野ダムには、ダムの下部に三つの穴（高さ五メートル×幅五メートル）があいています。幅五メートルしかない穴が、洪水時に流木等でふさがることは明らかです。穴がふさがると、立野ダムは洪水調節不能の危険な状態となります。ダムが満水となる時点で、ダム上部の非常放水用の八つの大きな穴から洪水がそのまま流れ落ち、ダム下流の洪水流量はゼロから最大量に一気に上昇します。

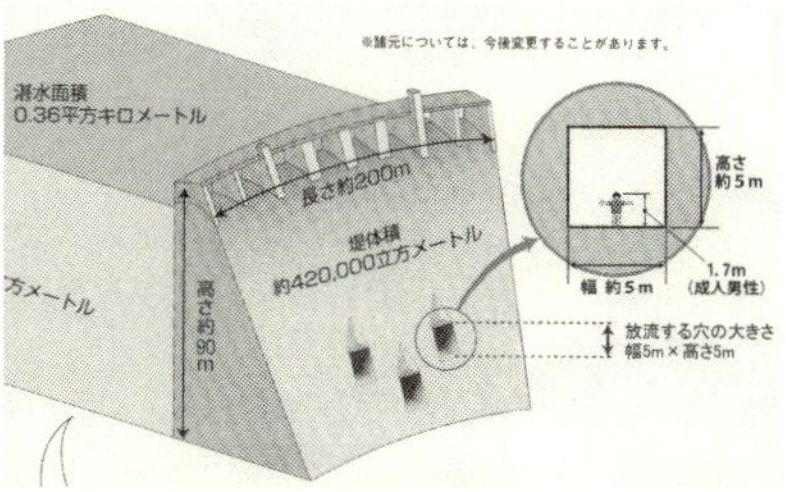

立野ダムの「穴」は高さ５ｍ×幅５ｍ。ダム上部にはダムが満水になった時に洪水をそのまま下流に流す非常放水用の大きな穴が８つ開いている（国土交通省資料より）

大量の流木が引っかかった熊本市黒髪の子飼橋。写真左が白川上流
1953年6月27日（『白川大水害の記録』水防災行事実行委員会より）

一九五三（昭和二八）年の6・26水害では、熊本市内の子飼橋などの橋脚に大量の流木が引っかかり、せき止められた川の水が堤防からあふれ、堤防を決壊させて大きな被害をもたらしました。当時の橋脚の間よりも狭い幅五メートルの立野ダムの穴を、大量の流木や岩石等がくぐり抜けることは、

どう考えてもあり得ません。

立野ダムの穴が流木等でふさがった状態で、ダムに水がたまってしまった場合、流木の撤去は不可能です。洪水時、立野ダムは治水のために機能しないどころか、大きな災害源となるのは明らかです。

②立野ダムは土砂に埋まる

洪水時の白川の水は多くの火山灰（ヨナ）とともに、多量の岩石や流木等を含みます。阿蘇カルデラ内の岩石や流木、土砂、火山灰などが全て立野ダム予定地に集中します。それらが、立野ダム下部の三つの穴（高さ五メートル×幅五メートル）を通り下流へ流れていくことは、どう考えてもあり得ません。しかもダムの穴の上流側は、すき間が二〇センチメートルしかないスクリーン（金網）で覆われているのです。

二〇一二年七月の九州北部豪雨の後、大津町から熊本市にかけての白川の河床には大量の岩石や土砂、火山灰が堆積しました。立野峡谷直下の畑井手堰（大津町）も、大量の岩

九州北部豪雨直後の畑井手堰（大津町）
2012年7月25日撮影

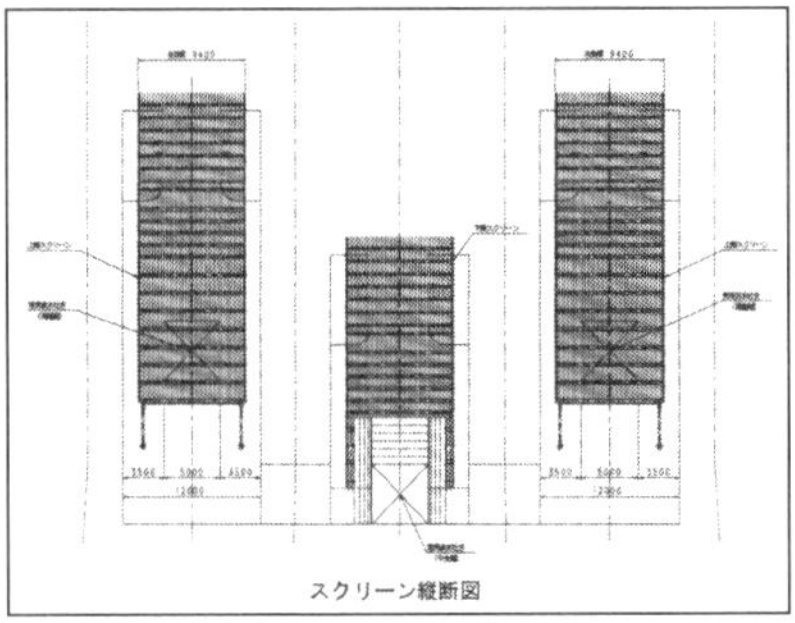

立野ダムの３つの穴（高さ５ｍ × 幅５ｍ）の上流側を覆うスクリーン（金網）
（国土交通省資料より）

角材状の割れ目で崩れ落ちた立野溶岩
2015年12月19日撮影

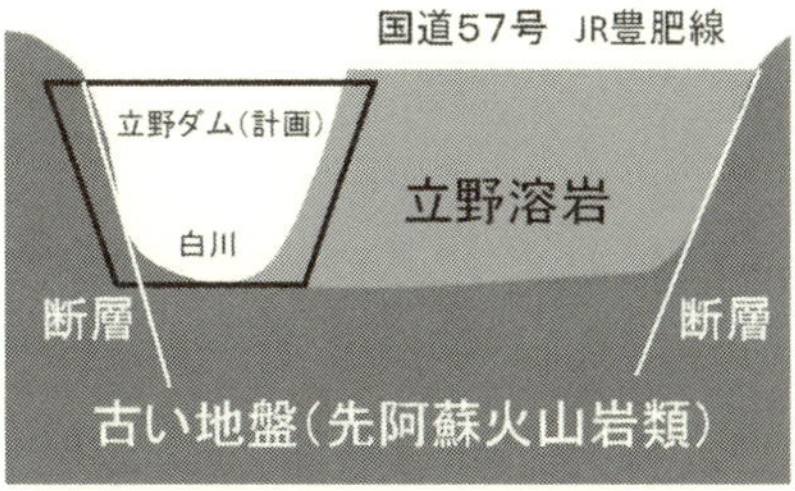

上流側から見た立野峡谷の地盤。ダム本体の右岸と左岸で全く地盤が違う

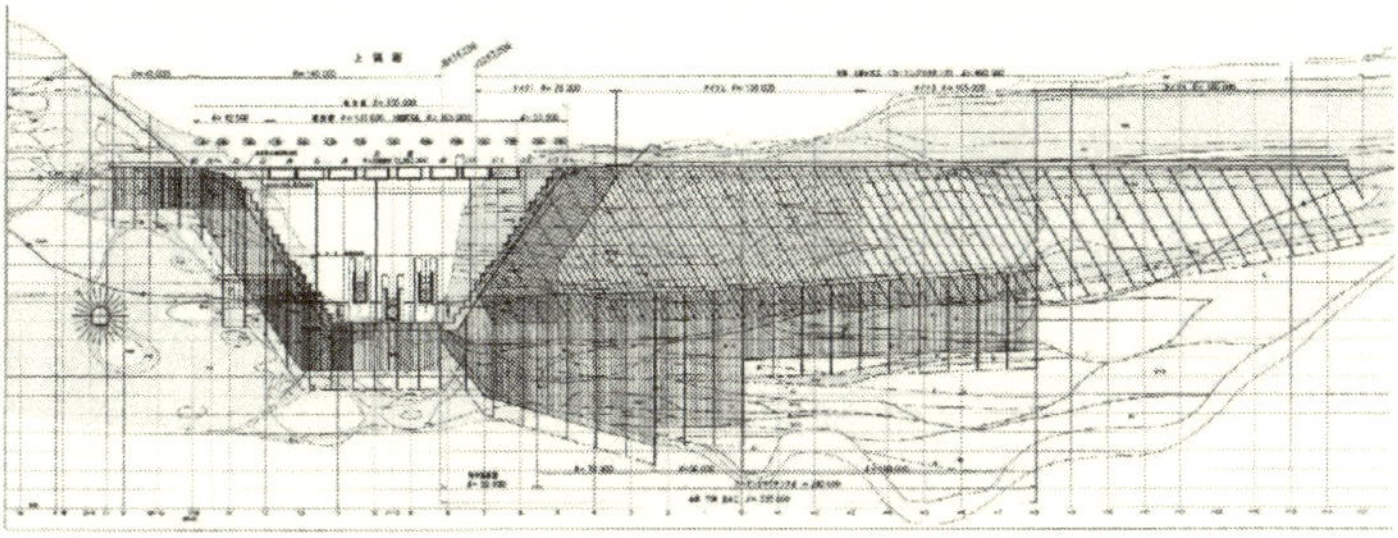

グラウチング（セメントミルク注入）をする範囲をダム上流側から見た図
（国土交通省平成21年度立野ダム基礎資料整理業務）

石や土砂で埋めつくされていました。立野ダムが完成していれば、それらのほとんどが立野ダム上流部にたまっていたのは明らかです。

③立野ダム予定地の地質は危険

第1章で述べたとおり、二本の活断層で外輪山が沈んで、立野火口瀬（古火口瀬）ができました。この立野火口瀬には、別府から島原に続く「大分熊本構造線」が通っています。九州の地殻は「大分熊本構造線」で、北部九州は北に、南部九州は南に移動しています。この五〇年間に、北部九州は北西へ、南部九州は南西に、それぞれ一メートルほど移動しています（熊本日日新聞社発行『新・阿蘇学』参照）。そのような地盤が不安定な場所に巨大なダムをつくって大丈夫なのでしょうか。

立野火口瀬（古火口瀬）はその後、阿蘇火山の溶岩で何度もうずまっては浸食され、現在の立野峡谷ができました。立野ダム本体予定地右岸の地盤は、阿蘇火山から流下してきた立野溶岩です。溶岩が冷える時に生じた「柱状節理」と呼ばれる割れ目だらけの溶岩が、何層にも堆積しています。一方左岸は、右岸よりずっと古い先阿蘇火山岩類による地盤です。立野ダムの完成後に断層が動いて、ダムの右岸と左岸で地盤が違う動きをした場合は一体どうなるのでしょうか。

国土交通省が情報開示した資料（平成二一年度立野ダム基礎資料整理業務報告書）によると、「ダム本体右岸部では深部においても高透水ゾーンが分布している」ので、大規模なグラウチング（セメントミルクの注入）が行われます。その範囲は、立野溶岩の範囲と一致します。立野溶岩は、柱状の割れ目でボロボロと崩れます。割れ目にセメントミルクを注入しても、地盤の強度を上げることはできません。

火山地帯に巨大なコンクリートのダムをつくって安全なのか、国土交通省は自信を持って説明できるのでしょうか。

4　白川の河川改修の現状と求められる対策

二〇一二年七月一二日の九州北部豪雨では、白川流域は千年に一度とも言われる記録的な豪雨に見舞われ、流域の各所で土砂災害や浸水被害を引き起こしました。私たちが洪水被害の調査を進めて明らかになったことは、浸水被害があったのは、河川改修の進んでいない場所ばかりだっ

カヌーから見た改修後の護岸の石垣（大甲橋上流左岸）2014年7月26日撮影

たということです。

九州北部豪雨から約四年が経過した現在、白川では河川改修が急ピッチで進んでいます。堤防が未完成で、かろうじて浸水をまぬがれた熊本市中心部の右岸側（大甲橋から長六橋まで）も、洪水から一年もたたずに高さ約二メートルの堤防が完成しました。ほとんど改修が手つかずだった小磧橋から上流の熊本県管理区間も、河川激甚災害対策特別緊急事業（激特）に指定され、改修工事が一気に進んでいます。河川改修を進めれば、立野ダムを建設する必要がないことが、国土交通省が開示したデータによっても明らかです。その点は、第4章で述べます。

立野ダムは、白川流域の安全を守るどころか、危険をもたらすダム計画です。安全で豊かな白川を未来に手渡すためには、河川改修こそを進めるべきです。

改修を進める上では、コンクリートでかためるだけの護岸ではなく、親水性の高い護岸を多くし、これからも漁業のできる自然度の高い川をつくるべきです。

九州北部豪雨で最も大きな被害を受けた阿蘇・黒川は河川激甚災害対策特別緊急事業（激特）に指定され、河道掘削、遊水地、集落を堤防で囲む輪中堤、宅地かさ上げ等の工事が集中的に実施されています。立野ダムをつくり、もし効果があったと仮定しても、阿蘇には何のメリットもありません。阿蘇で遊水地をつくるなどの治水対策をすれば、阿蘇のためにも、熊本市など下流のためにもなるのです。

【コラム】鬼怒川の堤防決壊を考える

堤防が決壊すると凄まじい被害をもたらすことを、二〇一五年九月の鬼怒川の堤防決壊の報道で目の当たりにしました。鬼怒川の上流には四つの大きなダムがあるのですが、堤防決壊を防ぐことはできませんでした。ダムは満水になると、ダムに流入する洪水をそのまま下流に流すことになり、洪水調節を果たせなくなります。

国土交通省の資料によると、鬼怒川上流の四つのダムの洪水調節容量は、湯西川ダム三〇〇〇万立方メートル、五十里ダム三四八〇万立方メートル、川俣ダム二四五〇万立方メートル、川治ダム三六〇〇万立方メートルで、四つのダムの合計で一億二五三〇万立方メートルです。

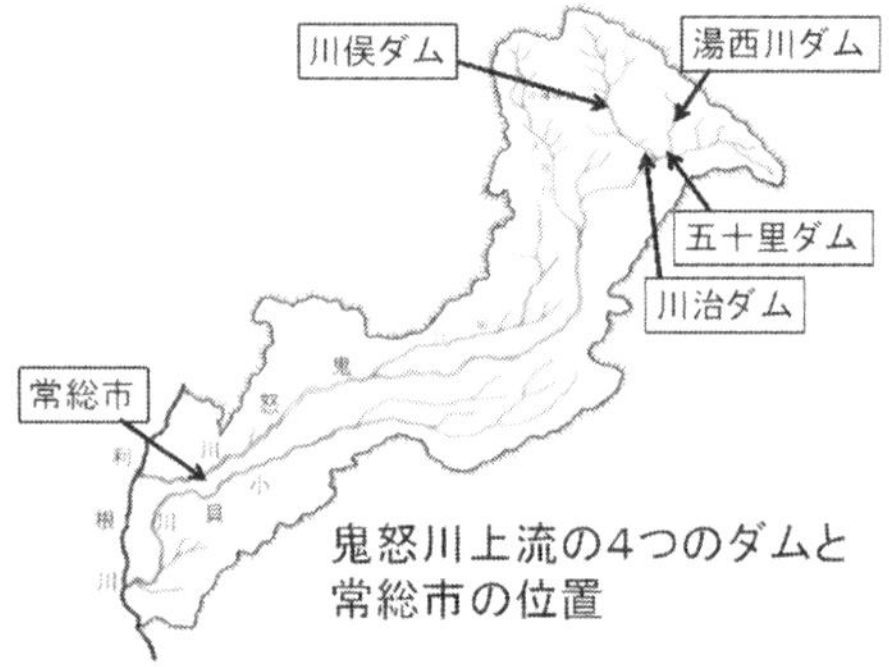

鬼怒川上流の4つのダムと常総市の位置

計画中の立野ダムの洪水調節容量は九五〇万立方メートルです。つまり、鬼怒川上流の四つのダム群は、立野ダム一三個分の洪水調節容量がありながら、ダムが国交省の主張するように洪水を調節するために機能したとしても、結局堤防決壊を防げなかった、ということになります。

驚くのが、堤防が決壊した鬼怒川は、一〇年に一度起きると想定される洪水に対応できない堤防だったことです。ダム建設を一つでも後に回して、下流の危険個所の堤防整備を先にしていれば、堤防決壊は防げたはずです。ダムがあるために堤防工事が後回しになった典型だと言えます。

第4章　国交省が開示したデータは語る

1　情報開示請求に至った経緯

国土交通省は二〇一一年より、立野ダム計画を継続するかどうかを検証する「立野ダム事業検証」を行いました。全国の計画中のダムで行われた事業検証と同じく「ダム案」が最も費用が安いという検証結果を出し、二〇一二年一二月に国土交通大臣が立野ダムの事業継続を決定しました。

二〇一二年九月に、立野ダム事業検証の一環で熊本市・大津町・南阿蘇村で開かれた公聴会では、流域住民三〇人が発言し、全員が立野ダムに反対の意見を述べ、ダム賛成意見は一人もいませんでした。しかし、流域市町村の首長や議員、職員は公聴会には出席しておらず、熊本県議会や熊本市議会は住民の意見も全く聞かずに、立野ダム建設推進の意見書を可決しました。

18名の発言者全員が立野ダム反対意見を述べた熊本市での公聴会
2012年9月22日撮影

白川流域に住むほとんどの人たちは、「立野ダムはどんなダムで、

国土交通省への公開質問状の提出。何度提出しても回答は全くない
2015年11月26日撮影

何を目的につくられるのか、どこにできるのか知らない」という認識です。にもかかわらず国土交通省は、住民が要望している立野ダムの説明会を一度も開こうとしません。住民団体が繰り返し提出した立野ダムに関する質問状に回答しようともせず、**「当省のホームページを見るように」**との見解を繰り返すばかりです。国土交通省は、立野ダムの説明責任を全く果たしていません。

そこで私達は、国土交通省に対して情報開示請求によって資料を開示させるという方法をとらざるを得ませんでした。情報開示請求を進める上でも、開示期間を延長されたり、「資料が存在しない」という理由で不開示であったりと、大きな苦労を重ねました。しかし、開示された資料を分析すると、多くのことが明らかになってきました。

2　洪水時、ダムの穴がつまるのは明白

ダムのゲート（水門）の幅は、四〇メートルと構造令で決められています。流木等でダムのゲートがふさがる可能性があるからです。洪水調節専用の「穴あきダム」である立野ダムにはゲートがない代わりに、ダムの下部に三つの穴（高さ五メートル×幅五メートル）があいています。幅五メートルしかない穴が、洪水時に流木等でふさがることは明らかです。

洪水時にダムの穴がふさがると、立野ダムは洪水調節不能になります。洪水を貯め込むだけの危険な状態となり、ダムが満水になると、ダム上部の非常放水用の八つの大きな穴から洪水がそのまま流れ落ち、ダム下流の洪水流量はゼロから最大量に一気に上昇します。

国土交通省は流木対策として、立野ダムの穴の上流側をすき間二〇センチメートルのスクリーン（金網）で覆うとしています。しかし、大量の流木や岩石等がひっきりなしに流れる洪水時の白川の状況を考えると、スクリーンはたちまち流木等でふさがってしまうと容易に想像できます。国土交通省が情報開示した資料によると、ダム満水時の「穴」の放流量は、毎秒八三三立方メートル。速さになおすと、時速約一二〇キロにもなるのです。

辰巳ダム（石川県）の穴の上流側を覆うスクリーン（金網）。立野ダムの穴も同様にスクリーンで覆われる　2015年8月24日撮影

ところが国土交通省は、**「スクリーンにはりついた流木は、ダムの水位が上昇すると浮き上がる」とホームページで主張**しています。その根拠を情報開示請求したところ、国交省は次のような模型実験結果を情報開示しました。

【模型実験の概要】

立野ダムの62・5分の1の模型（ダムの高さ一・四四メートル、穴の一辺八センチメートル）に、長さを変えた（四センチ～二四センチ）直径五ミリメートルの円柱材（ラミン材）や、長さ二・四センチ、直径一・八ミリのツマヨウジを最大で一〇〇〇本流して、ダ

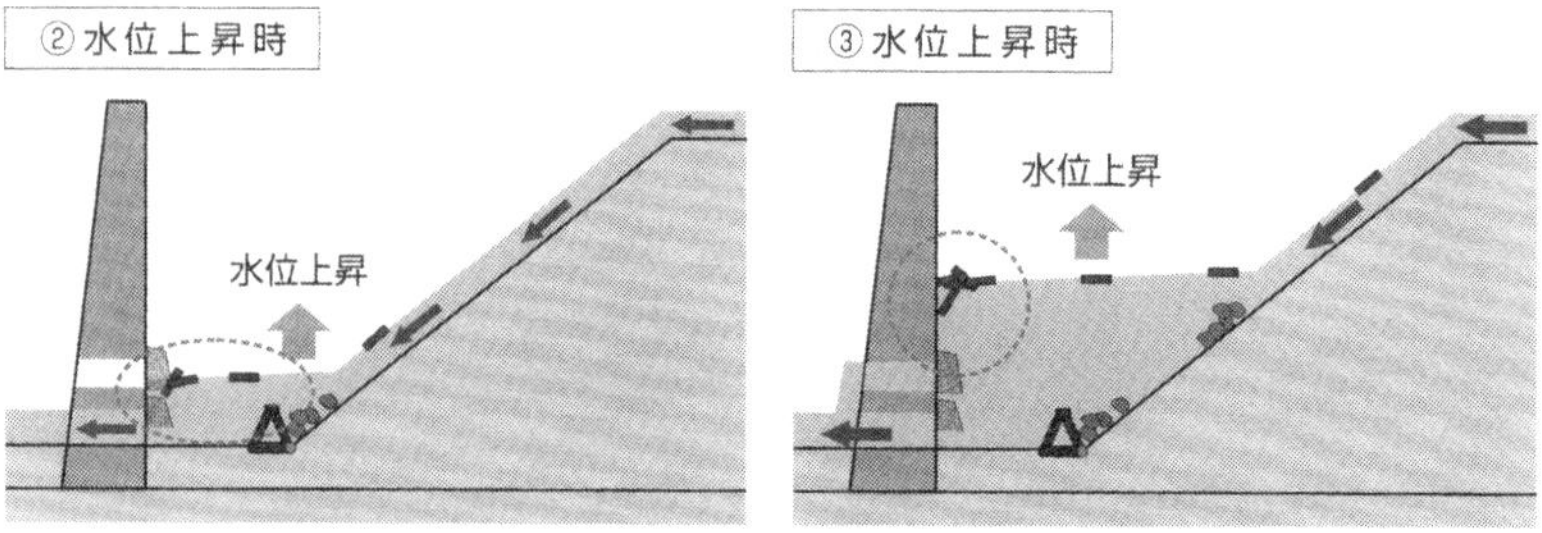

水位が上昇すると流木も浮きますが放流する穴にはスクリーンを設置しており、流木はスクリーンに捕捉されます。

流木は水面に浮かぶため、水位が上昇するのと合わせて流木も上昇します。

「ダムの穴をふさぐ流木がダムの水位が上がると浮いてくる」と主張する国交省資料（ホームページより）

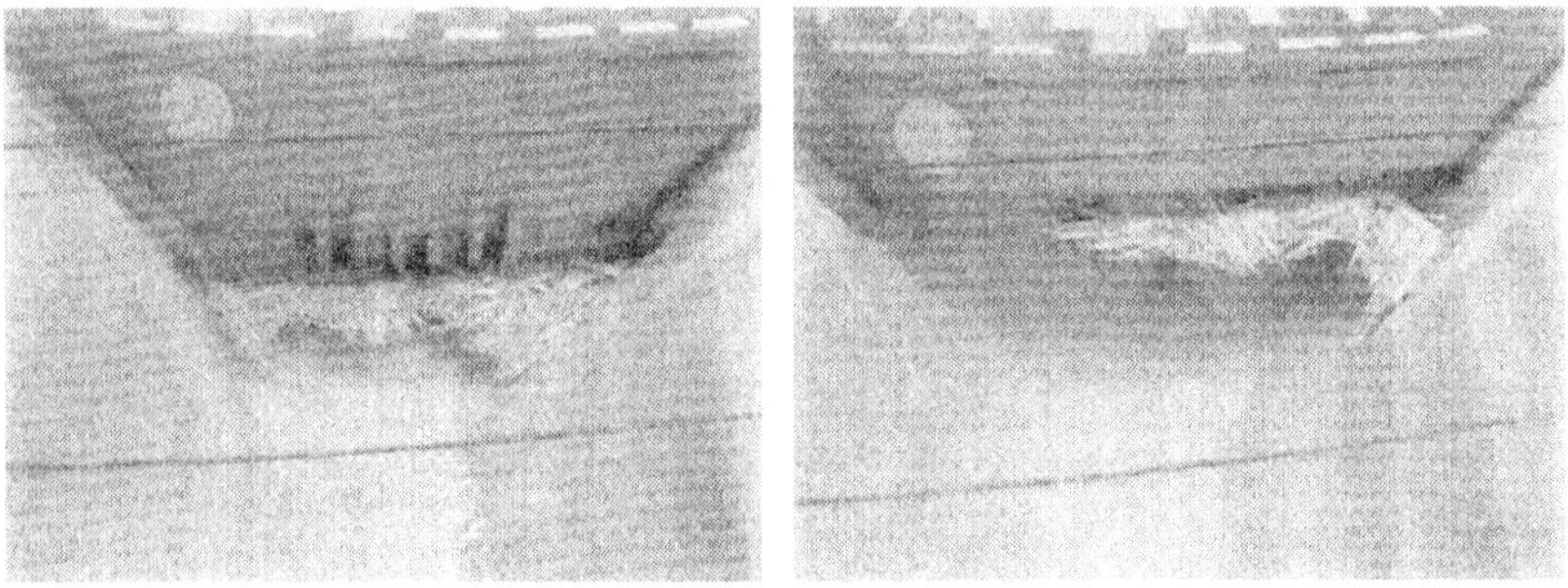

３つの穴をふさぐツマヨウジ（左）が、水位が上昇すると浮いてくる（右）という模型実験。写真が不鮮明である（国土交通省「立野ダム常用洪水吐きにおける流木対策について」より）

ムの水位が上昇すると円柱材やツマヨウジが浮いてくる。

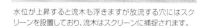

しかし、模型実験に使用したラミン材やツマヨウジは、乾燥した木材です。洪水時に川を流下してくる木材は、水を含み非常に重くなっています。洪水時に実際に流れる流木はツマヨウジ等の比重よりも大きいことは明らかです。また、洪水時に実際に流れる流木は円柱ではなく、枝葉や根がついており、当然曲がったり直径が変化したりしています。それらが絡み合ってスクリーンに貼り付いた場合を想定していません。

模型実験では、立野ダム地点を実際に流下する木材の量を把握していません。九州北部豪雨のとき阿蘇カルデラ内で多くの土砂災害が発生し、大量の流木が立野峡谷を流れ下りました。また、集水域三八三平方キロメートルもの阿蘇カルデラ内の流木が立野地点に集中することなどを考えると、一〇〇〇〇本という数字に根拠はありません。洪水時には、流木と同時に大量の土砂や火山灰、岩石も流れることは明らかですが、実験ではそれらも想定していません。

流木を穴が吸い込む力は、流木の浮力よりもはるかに大きいのは明らかであり、国土交通省の主張は、あり得ないことです。立野ダムの穴が流木等でふさがった状態で、ダムに水がたまってしまった場合、洪水後も流木の撤去は不可能です。洪水時、立野ダムは機能しないどころか、大きな災害源となるのは明らかです。

3　河川改修でダムをつくる必要なし

国土交通省が策定した白川の河川整備計画では、毎秒二三〇〇立方メートルの洪水に対処することを目標とし、河川改修で毎秒二〇〇〇立方メートルまで白川の流下能力を高めるとともに、立野ダムで毎秒二〇〇立方メートル、黒川遊水地群で毎秒一〇〇立方メートルの洪水調節を行うとしています。

二〇一二年七月一二日の九州北部豪雨の時、熊本市内では多くの地点で白川はあふれたり、あふれそうになりました。しかしその後、白川は河川改修が急ピッチで進みました。一体、どれくらいの洪水に対応できる堤防ができたのでしょうか。

国土交通省が二〇一五年六月に、白川の「現況河道流下能力算定表」（河口から小磧橋まで）を情報開示しました。同資料によると、九州北部豪雨は最大流量毎秒二三〇〇立方メートル（河川整備計画の目標流量と同じ）であったため、改修が当時行われていなかった堤防天端（上端）での流下能力が毎秒二三〇〇立方メートル未満の多くの地点で、堤防からあふれるか、危うくあふれそうになりました。

ところが、改修後（平成二七年三月測量時点）の同資料によると、河川改修により白川の流下能力は大幅に向上しています。計画高水位（堤防天端から一・二メートル下の水位）で検証して

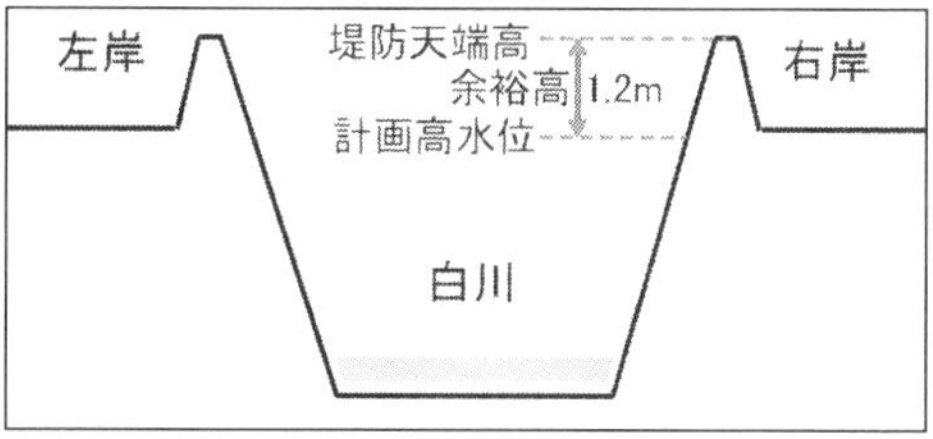

計画高水位と堤防天端高。白川の余裕高は 1.2m

九州北部豪雨直後の藤崎宮地点（右岸）の白川。堤防がないので、1ｍほど浸水した
2012 年 7 月 12 日撮影

堤防完成後の同地点。堤防天端での流下能力が、改修前の２倍以上に向上した
2015 年 7 月 5 日撮影

も、河川整備計画の目標流量を八九地点のうち八二地点（九二％）でクリアしています。残る七地点のうち、最も流下能力の低い地点（河口から九・六キロメートル地点）でも、計画高水位を約二〇センチメートル上回るだけであり、堤防天端から約一メートルの余裕があります。河道にたまった土砂を撤去すれば十分対応可能な数値です。立野ダムを建設する必要はありません。

堤防天端での流下能力を検証すると、藤崎宮地点（河口から一四キロメートル地点）では改修前に毎秒一七四八立方メートルだった流下能力が、改修後は毎秒三六三〇トンと、二倍以上に向上しています。これは、河川整備基本方針で定められた、白川での一五〇年に一度の洪水（毎秒三四〇〇立方メートル）もクリアできる流下能力です。改修が行われた他の地点でも、同様に大幅に流下能力が向上しており、毎秒三〇〇〇立方メートル以上の流下能力のある地点は一七八地点のうち一五四地点（八六％）にのぼります。

熊本県管理区間（小磧橋から未来大橋）では、県が二〇一三年五月に開示した白川の「河道流下能力表」によると、河川改修が完了すれば目標流量を全ての地点でほぼクリアできます。

河川整備計画が策定されていない白川中流域の大津町と菊陽町では、災害復旧工事が行われています。今後の豪雨で再度浸水しないように、一部で堤防をかさ上げしたり、川幅を拡げる等の工事が行われています。白川中流域でも河川整備計画を早急に策定し、本格的な河川改修を行うべきです。

【コラム】計画高水位と余裕高

国は川の治水計画を策定する上で、目標とする洪水の流量（基本高水流量）を決めます。その流量からダムや遊水地などで洪水調整する分を引いた「計画高水流量」を安全に流すことができるように、川の拡幅や堤防のかさ上げなどの改修計画が立案されます。その際、堤防は計画高水流量時の水位（計画高水位）に所定の余裕高（白川の場合は一・二メートル）を加えた高さで計画されます。

現在の国の「河川堤防設計指針」では、堤防満杯の水位ではなく、計画高水位を超えれば堤防は決壊する想定となっています。堤防の大半は土でできています。土の堤防では、想定する洪水水位よりも余裕を持った高さで堤防をつくらなければ、破堤（堤防が壊れる）する危険性があります。

一方市街地などでは、コンクリートで補強した堤防が多く見られます。九州北部豪雨で洪水が堤防を越えた熊本市陣内四丁目などでも、コンクリートの堤防は壊れませんでした。その後、熊本市中心部の白川や阿蘇内牧の黒川では、堤防の中心に鋼矢板（連続した鉄骨）を打ち込んだ堤防も施工されています。

堤防の中に鋼矢板が打ち込まれている阿蘇・内牧の河川改修工事
2015年9月23日撮影

土の堤防も、鋼矢板とコンクリートで補強された堤防でも一律に「計画高水位を超えると破堤する」という、現在の国交省の考え方は合理的ではありません。**「白川では特殊堤（コンクリートで補強した堤防）を使っているので、余裕高の議論をすると立野ダム一つが吹っ飛んでしまう（建設する理由がない）」**との、国土交通省内部の検討会の議事録※も開示されています。

また、越水（洪水が堤防を越える）よりも破堤の方が、比較にならないくらい危険です。今後は、堤防の中心に鋼矢板を打ち込むなど、壊れにくい堤防づくりを進めるべきです。

※「事務所長意見交換『今後の河川整備の進め方』」（二〇〇〇年八月九日開催）発言抄

4　阿蘇・黒川の遊水地

九州北部豪雨後、阿蘇谷を流れる黒川は河川激甚災害対策特別緊急事業（激特）に指定され、河道掘削、遊水地、集落を堤防で囲む輪中堤、宅地かさ上げ等の工事が集中的に実施されています。内牧上流の小倉遊水地は、面積八八ヘクタール（東京ドームグランド部分の六七個分）、洪水調節容量二六五万立方メートルの、「地役権」を導入した遊水地です。普段は農地として活用し、洪水の時に遊水地となります。優良農地を大きく消失することなく、用地費の大幅な縮減にもつながる治水対策です。農家は補償を受けられ、中小洪水では「地役権」遊水地内の農地の浸水を防ぐことにもなり、対象となった農家で反対した人は一人もいなかったということです。

驚くのが、毎秒一四〇立方メートル※の洪水調節能力があることです。これは、立野ダムの洪水調節能力（毎秒二〇〇立方メートル）に匹敵する能力です。「地役権」を導入した遊水地は、黒

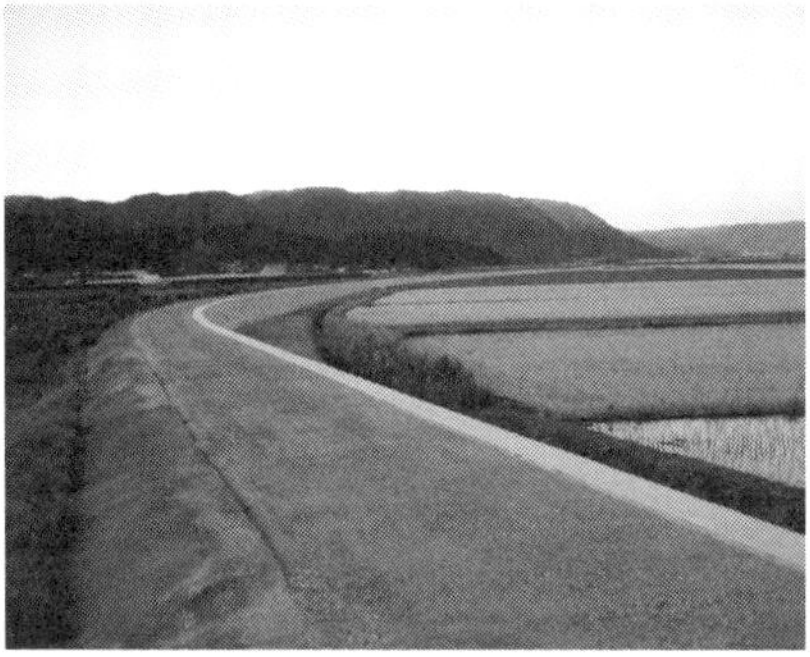

小倉遊水地を囲む堤防（工事中）
2015 年 6 月 6 日撮影

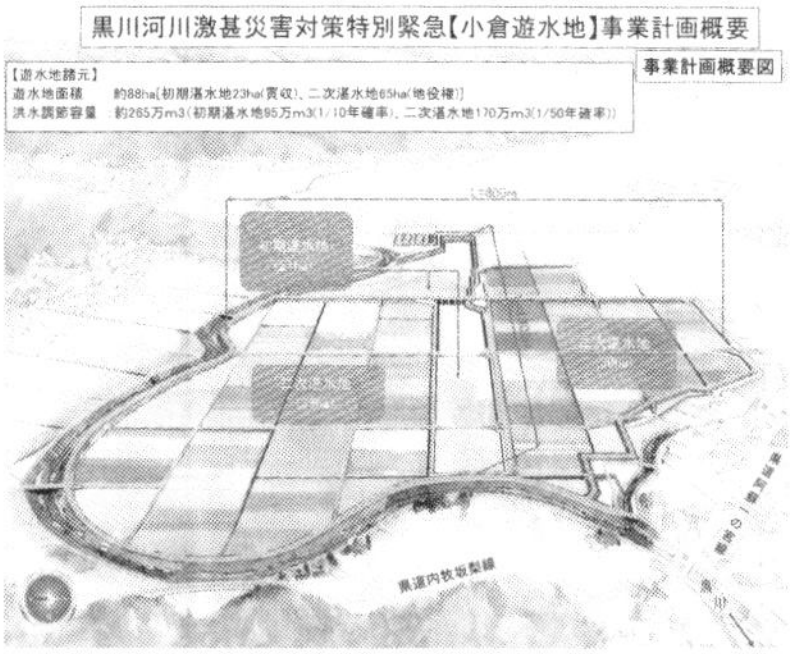

小倉遊水地の事業計画概要
（熊本県が情報開示した資料より）

■黒川改修計画における 7 つの遊水地の貯水容量（熊本県が情報開示した資料より）

遊水地名	車帰	無田	跡ヶ瀬	小野	内牧	小倉	手野	合計
状況	未着手	完成	未着手	完成	完成	施工中	施工中	
貯水容量	150 万㎥	22 万㎥	35 万㎥	31 万㎥	35 万㎥	264 万㎥	148 万㎥	686 万㎥

■河川整備計画（白川）における河道、立野ダム、黒川遊水地群の配分量

河道	毎秒 2000 ㎥
立野ダム（計画）	毎秒 200 ㎥
黒川遊水地群（一部竣工）	毎秒 100 ㎥
合計	毎秒 2300 ㎥

川上流の手野でも建設中です。

黒川流域には七つの遊水地（車帰、無田、跡ヶ瀬、小野、内牧、小倉、手野）が完成または計画中であり、合計で六八六万立方メートルの洪水調節容量があることが、熊本県が開示した資料で明らかになりました。そこで、七つの遊水地の洪水調節流量（毎秒何立方メートル洪水調節できるか）を国交省と熊本県に情報開示請求したところ、驚くことに「そのような行政文書は存在しない」との回答でした。それならば、「黒川遊水地群で毎秒一〇〇立方メートル洪水調節する」とした河川整備計画は、一体どのようにして計算したのでしょうか。単純計算すると、

七つの遊水地の合計で毎秒三六三立方メートルの洪水調節能力があります。遊水地の整備を進めれば、立野ダムを建設する必要はありません。

※小倉遊水地の洪水調節能力（毎秒一四〇立方メートル）は、一般社団法人九州地方計画協会ホームページ・黒川「小倉遊水地」について（後藤真一郎氏）より引用

【寄稿】白川治水は河道整備を先行させるべき

京都大学名誉教授　今本博健（河川工学）

1　白川の治水計画

戦後、復興の一環として多目的ダムを中心とした河川総合開発計画が取り上げられ、多くが失敗するなかでダム計画だけが生き残り、それが「ダムにたよる治水」を日本中に蔓延させることになった。しかし、河道の流下能力を極限まで追い求め、それでもなお不足な場合にダムを検討の対象とするのが治水の王道である。

白川でもダム計画がなかったころは、河道改修により流下能力を高めるのが中心であった。戦後最大の被害をもたらした昭和二八年六月二六日洪水（推定流量毎秒三二〇〇～三四〇〇立方

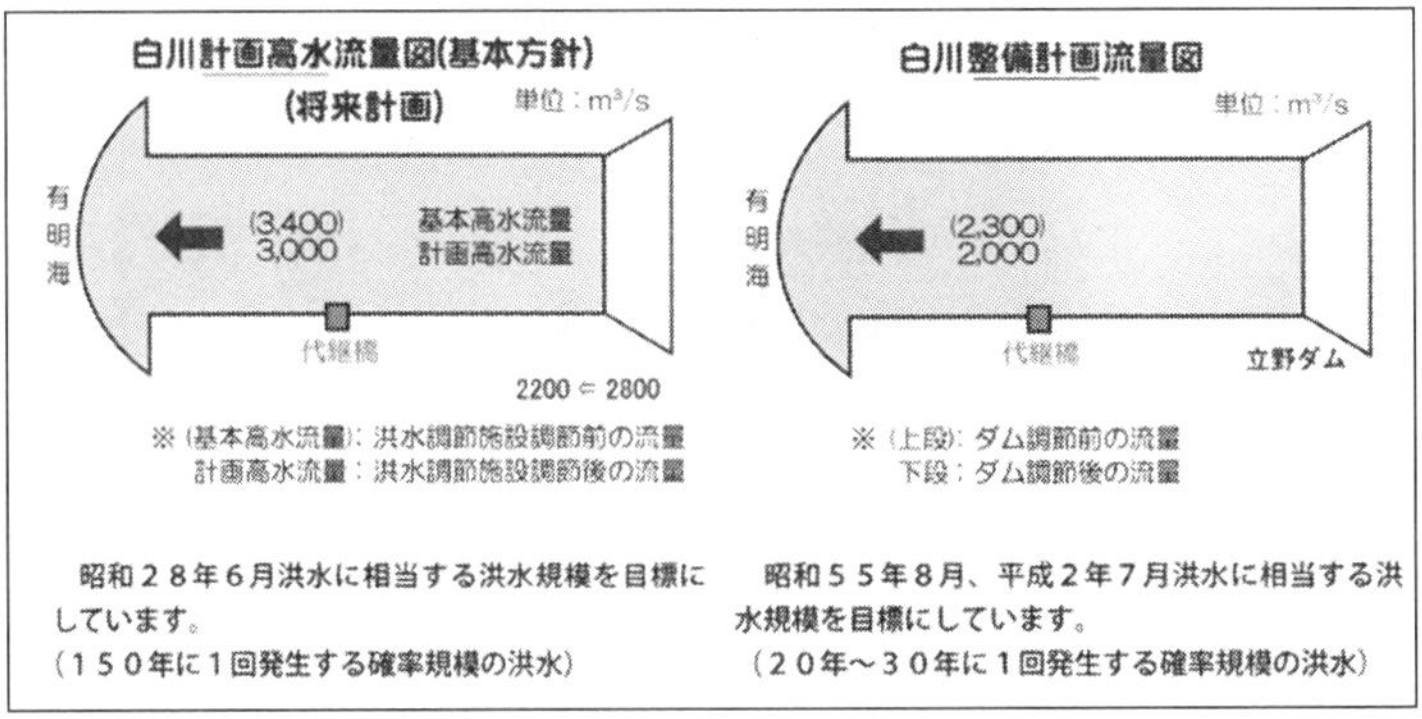

国土交通省資料より

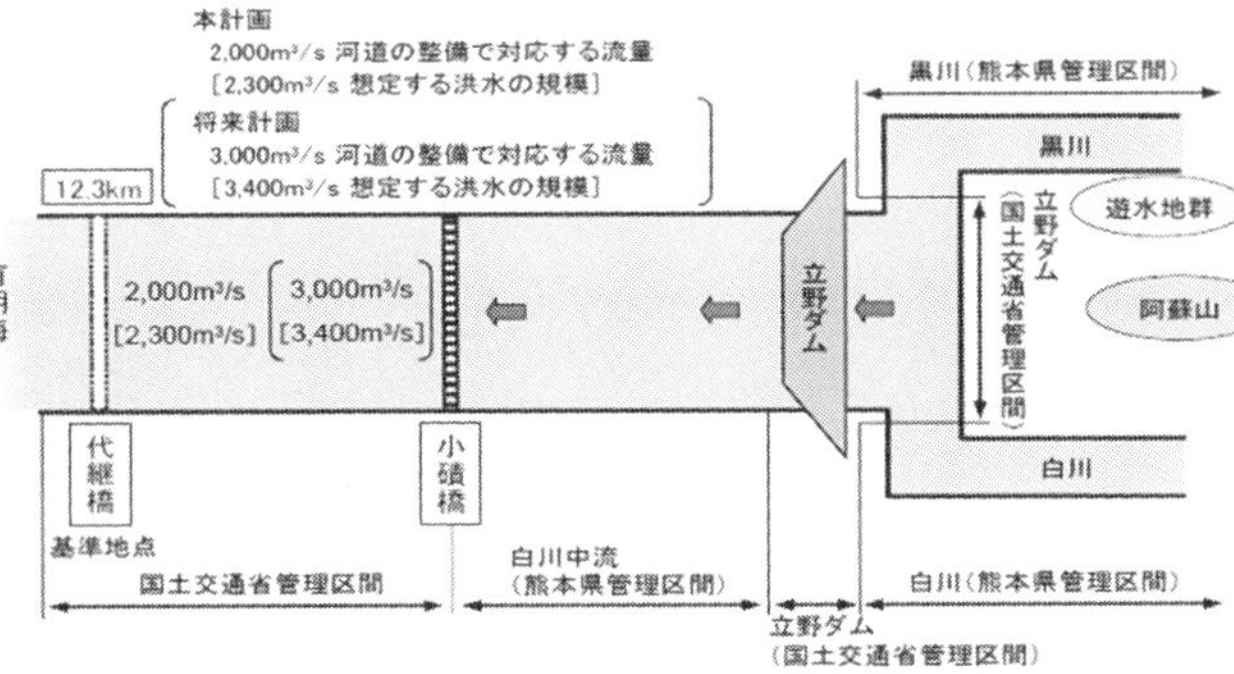

国土交通省資料より

メートル）当時の流下能力は毎秒一二〇〇立方メートルであった。昭和五五年洪水（毎秒一五〇〇立方メートル）を契機に行われた河道改修により、白川の流下能力は毎秒一五〇〇立方メートルに引き上げられた。なお、立野ダムの予備調査は昭和四四年に着手されている。

現在の白川の治水計画を見ると、将来計画と位置づけられる河川整備基本方針では、1／150規模の洪水を対象とし、基本高水の毎秒三四〇〇立方メートルのうち、毎秒三〇〇〇立方メートルを河道の流下能力の引上げで、毎秒四〇〇立方メートルを立野ダムと黒川遊水地群による調節で対応しようとしており、二〇～三〇年での達成を目標とする河川整備計画では河道の流下能力を毎秒二〇〇〇立方メートルに引き上げ、黒川遊水地群で毎秒一〇〇立方メートル、立野ダムで毎秒二〇〇立方メートルを調節して、目標流量の毎秒二三〇〇立方メートルに対応しようとしている。

ここで注目されるのが、将来計画での流下能力の毎秒三〇〇〇立方メートルである。将来計画とはいえ、根拠のない実現不可能なものとは考えられない。これが実現可能であるならば、整備計画での流下能力毎秒二〇〇〇立方メートルという目標値に毎秒二〇〇立方メートルを上乗せして、毎秒二二〇〇立方メートルとすることはそれほど困難とはいえないはずである。もし、流下能力を毎秒二二〇〇立方メートルに引き上げるのが可能であるならば、立野ダムがなくても、黒川遊水地群による毎秒一〇〇立方メートルの調節と合せて目標流量の毎秒二三〇〇立方メートルに対応できる。

2 「検討の場」での治水対策案の比較

河川整備計画では、目標流量の毎秒二三〇〇立方メートルから河道が受けもつ毎秒二〇〇〇立方メートルと黒川遊水地群が受けもつ毎秒一〇〇立方メートルを引いた毎秒二〇〇立方メートルを立野ダムに受けもたせようとしているが、これも河道に受けもたせるべきではないかというのが素朴な疑問である。

「今後の治水対策のあり方に関する有識者会議」の中間報告を受けて設置された「立野ダム建設

名称	対策の内容	安全度	事業費	実現性	持続性	柔軟性	地域社会への影響	環境への影響	総合評価
立野ダム案	立野ダム＋河道掘削	◎	1000	◎	○	△	△	○	1
河道掘削案	河道掘削	○	1200	○	○	○	○	◎	3
遊水地拡幅案	河道掘削＋黒川遊水地群の活用	○	1200	△	○	○	△	◎	
雨水貯留案	河道掘削+雨水貯留施設＋雨水浸透施設＋水田の保全(機能の向上)	○	1600	△	○	○	△	◎	
輪中堤案	河道掘削＋輪中堤＋遊水機能を有する土地の保全＋部分的に低い堤防の存置＋土地利用規制	△	1100	△	○	○	△	◎	2
輪中堤・雨水貯留案	河道掘削＋輪中堤＋遊水機能を有する土地の保全＋部分的に低い堤防の存置＋土地利用規制＋雨水貯留施設＋雨水浸透施設＋水田の保全(機能の向上)	△	1600	△	○	○	△	◎	

国土交通省が「検討の場」で行った治水対策案の比較

事業の関係地方公共団体からなる検討の場」は、立野ダム案と河道改修案のほかに、遊水地拡幅案、雨水貯留案、輪中堤案、輪中堤・雨水貯留案を取り上げ、安全性、コスト、実現性、柔軟性、地域社会への影響、環境への影響を評価軸として比較検討し、立野ダム案が最も優れ、輪中堤案が次ぐとしている。

しかし、この比較検討には次の疑問がある。一つは評価軸に将来性の視点が欠落していることである。

白川の治水計画は河川整備計画をもって完結するわけではなく、少なくとも将来計画とされる河川整備基本方針に無駄なく接続されることが重要である。立野ダム案はもちろん、輪中堤案や遊水地案なども、基本高水レベルの洪水には用をなさなくなる。唯一、河道改修だけが、越水に耐える堤防補強の実施がされていれば、被害をたとえゼロにできなくても、大きく軽減することができる。将来性を評価軸に加えれば河道改修が最優位になるはずである。

3　白川の流下能力についての検討

河川管理者である国土交通省は、住民団体の要求に応じ、平成二〇年二

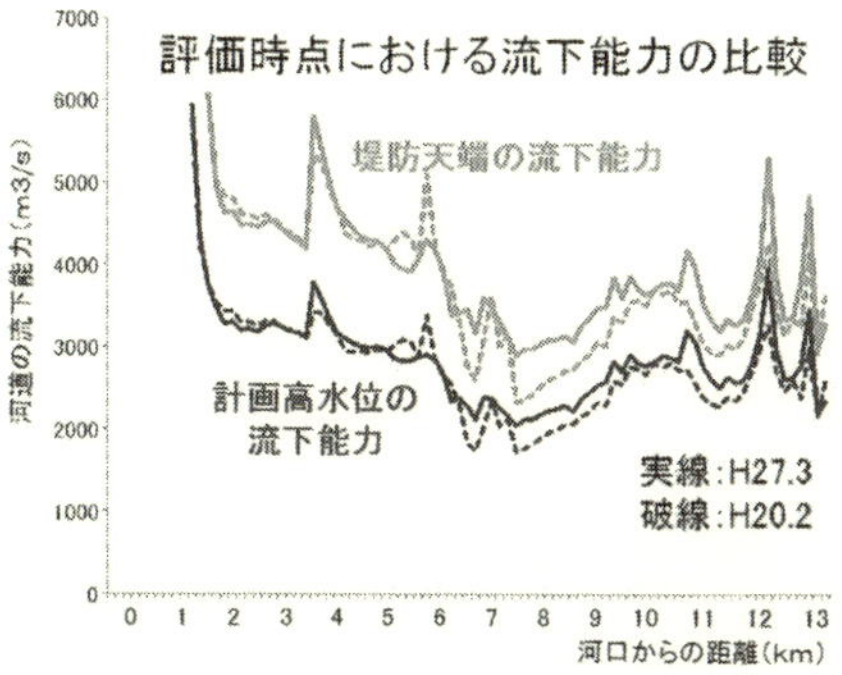

月時点と平成二七年三月時点の白川の流下能力を情報開示した。計画高水位（堤防天端から一・二メートル下）で評価したものと計画堤防天端高で評価した流下能力とが示されているが、いずれも河口より六～九キロメートル区間の流下能力が小さくなっている。

平成二七年三月時点の流下能力は、平成二〇年二月時点に比べて、一部で小さくなっているところがあるが、総じて大きくなっている。これは河道改修の効果によるものと思われる。

いま、最新の平成二七年三月時点の流下能力に着目し、河川整備計画の目標流量および基本高水流量との関係を見ることにする。

河川整備計画の目標流量の毎秒二三〇〇立方メートルから黒川遊水地群による調節量毎秒一〇〇立方メートルを減じた毎秒二二〇〇立方メートルで検討すると、計画高水位で評価した流下能力はごく一部の区間でこの配分量より小さくなっているものの、最大不足量は毎秒一五一立方メートルに過ぎず、計画堤防天端高での評価では全区間にわたってこれを大幅に超えている。すなわち、平成二七年三月時点の流下能力は整備計画での目標流量を実質的に超えており、立野ダムによる洪水調節は不要であることがわかる。

さらに、河川整備基本方針での河道への配分量三〇〇〇立方メートルにも、越水に耐える堤防補強を実施すれば、河口より七～九キロメートル付近の流下能力を毎秒一〇〇立方メートルほど増やすだけで対応できる。あとは、ダムで調節しようとしている毎秒四〇〇立方メートルへの対応であるが、白川の拡幅等を併用すれば対応可能である。

4　対策の実施順序

いま、世界ではダムや堤防といったハードな対策だけで洪水を河川に封じ込める治水の限界を悟り、アメリカのミシシッピ川では土地の利用規制や水害補償制度を併用しだし、ヨーロッパのライン川では連続化した堤防を再不連続化することで遊水機能の復活をはかっている。

日本だけが洪水を河川に封じ込める旧態依然の二〇世紀型治水に固執しているが、そうしたなかで滋賀県は、効果を発揮するまでに要する費用を比較し、事業中であった芹谷ダムや北川第一および第二ダムの三つの県営ダムを中止した。例えば、芹谷ダムの場合、ダムを先行すれば、多額の経費がかかるうえ長期間を要し、その間、他の河川の改修が実施できず、多くの県民を危険にさらすが、堆積土砂の除去や河川改修を先行させれば所要の治水安全度を早期に実現できる。

白川の河川管理者は、整備計画に対応するため、河道の流下能力を毎秒二〇〇〇立方メートルに引き上げ、黒川遊水地群で毎秒一〇〇立方メートルを調節し、さらに立野ダムで毎秒二〇〇立方メートルを調節することによって、目標高水に対応しようとしている。

河道の流下能力をさらに毎秒二〇〇立方メートルだけ引き上げるのと立野ダムによる調節とを比較し、後者を優位としているが、平成二七年三月時点での流下能力を一キロメートルほどの区間で最大毎秒一五一立方メートル引き上げることが立野ダムより不利とは到底考えられない。長期計画では流下能力を毎秒三〇〇〇立方メートルに引き上げるとされており、流下能力を増大させる河道整備を先行して実施するのが合理的である。

5　おわりに

蒲島郁夫熊本県知事は、球磨川は「地域の宝」として川辺川ダムの白紙撤回を求めた。かつて田中康夫長野県知事は、「縦《よ》しんば、河川改修費用がダム建設より多額になろうとも、一〇〇年先、二〇〇年先の我々の子孫に残す資産としての河川・湖沼の価値を重視したい」との「脱ダム宣言」を発表し、長野県で事業中だったダムの建設を中止した。

球磨川が地域の宝であるならば、阿蘇は「世界の宝」である。阿蘇に立野ダムは似つかわしくない。しかも、河道改修でダムと同等あるいはそれ以上の安全を確保できる。河道改修を先行させ、立野ダムは中止するべきである。

【コラム】土砂災害を防ぐために

二〇一二年七月の九州北部豪雨で死亡・行方不明になられた二五名の方々は、全て土砂災害が原因です。豪雨後、阿蘇では多くの砂防ダムがつくられています。しかし、砂防ダムをつくっても土砂でいっぱいになれば、新たな砂防ダムの建設が必要となります。また、砂防ダムにたまっ

阿蘇・坂梨に建設された巨大な砂防ダム
2015 年 11 月 26 日撮影

土石流により破壊され、基礎だけが残った砂防ダム（水俣市宝川内）2003 年 7 月 24 日撮影

た土砂を撤去する場合、撤去した土砂を捨てる場所も必要となります。
二〇〇三年七月の水俣市宝川内での土砂災害などでは、土石流が砂防ダムを破壊して下流を襲った例もあります。砂防ダムがあるからと、安心してはいけないと思います。特に夜間の集中豪雨では、マイクの声も聞こえず、避難する場合も大変な困難が伴います。特に土砂災害の起こる可能性が高い地区では、予防的避難の徹底を図る必要があります。
阿蘇カルデラは、土砂災害を繰り返して拡大してきました。特に阿蘇谷は、今後も拡大を続けるとの専門家の指摘もあります。砂防ダムをつくるだけではなく、土砂災害の要因となっている荒れた放置人工林の間伐を進め、山林の保水力を高める必要があります。荒れた人工林で土砂災害が起こると、大量の流木が下流を襲い、橋に引っ掛かるなどして流れをせき止め、川をあふれさせる原因になります。
間伐が適正に行われた人工林では、下草や下層木（広葉樹）が茂り、根をはり、植林木も根を深く張って、しっかりと土地をつかむことができます。また、今後植林する場合は、広葉樹など地盤が弱い阿蘇にあった樹種を検討すべきです。阿蘇の草原の保全を進めることも土砂災害の防止につながります。

第5章　日本全国「穴あきダム」めぐり

「穴あきダム」とは、実際にはどんなダムなのでしょうか。運用中の穴あきダム（島根県の益田川ダム、石川県の辰巳ダム）、建設中の穴あきダム（長野県の浅川ダム）、検討中の穴あきダム（佐賀県の城原川ダム）、ダムの下部に大きな穴が開いている巨大砂防ダム（川辺川上流の朴木砂防ダム）を実際に見てきたレポートです。

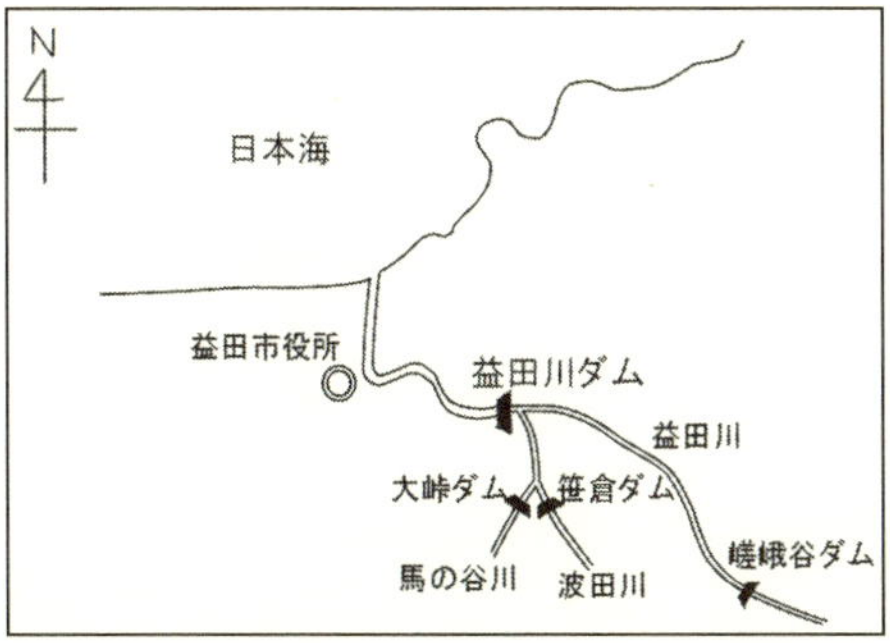

益田川ダムの位置

1　益田川ダム（島根県）

益田川は、島根県益田市を北西に流れ、日本海に注ぐ全長三二キロメートルの二級河川です。益田川ダムは、益田川の中流部に二〇〇六年に完成した、島根県が管理する重力式コンクリートダムで、益田川の洪水調節だけを目的としています。

ダムの高さは四八メートルで、穴のサイズは高さ三・四メートル×幅四・四五メートルがダム下部に二つ、同じ高さに並んでいます。穴の上流側は、二〇センチメートルのすき間のスクリーン（金網）で覆われています。ダムの最上部には非常放水用の大きな穴が七つあります。

益田川ダムは、「運用開始から穴が流木などでふさがったことはない」と説明されています。しかし、益田川ダムの穴のスクリーンが全て水没するような洪水はこれまでに発生していないようです。さらには、益田川ダムの上流には、本流（益田川）に嵯峨谷ダムが、支流（波田川）に笹倉ダムが、もう一つの支流（馬の谷川）に大峠ダムがあります。つまり、洪水時に益田川ダムに流れ込むはずの流木や土砂などの大半は、上流にある三つの既存のダムでカットされるわけです。

益田川ダム本体の上流側。流木対策として、上流側にコンクリートのつい立てと、穴の上流をスクリーン（金網）で覆っている
2014 年 8 月 11 日撮影

益田川ダム上流にある笹倉ダム。ダム湖には流木止めが設置されている
2014 年 8 月 11 日撮影

穴あきダムは普段は水を貯めないので、洪水時はダム湖となる平坦地はゴルフ広場などとして利用されている
2014 年 8 月 11 日撮影

2　辰巳ダム（石川県）

犀川《さいがわ》は、石川県金沢市を流れ日本海に注ぐ全長三四キロメートルの二級河川です。辰巳《たつみ》ダムは、犀川の中流部に建設された、石川県が管理する重力式コンクリートダムで、犀川の洪水調節だけを目的としています。このダム計画は、歴史的建造物である辰巳用水取水口が水没するなど環境・文化面で大きな変化をもたらす計画だったため、環境保護団体や市民団体などが激しい反対運動を繰り広げてきましたが、二〇一二年に竣工しました。

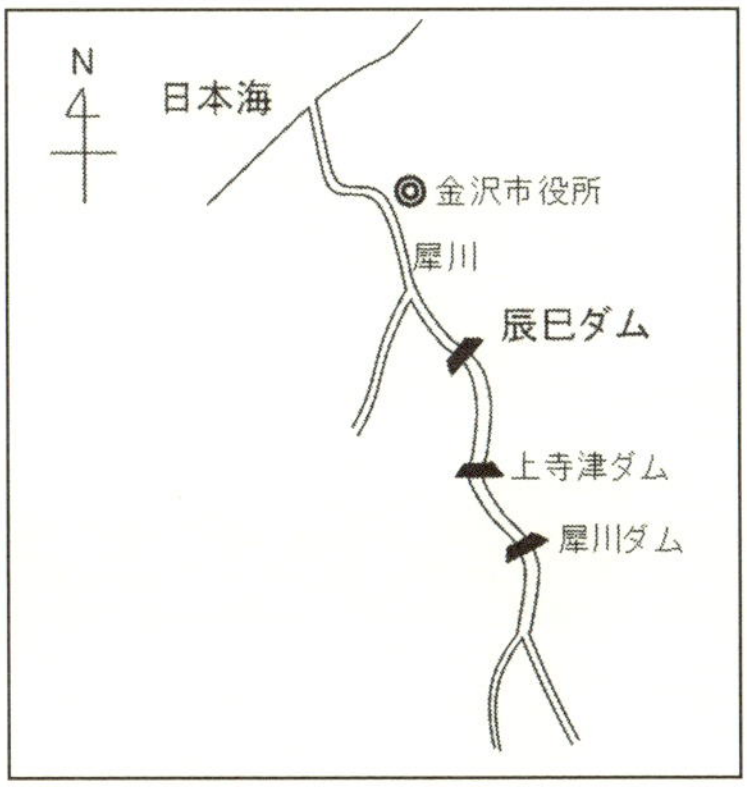

辰巳ダムの位置

ダムの高さは四七メートルで、ダムの下部に幅二・九メートル×高さ二・九メートルの穴が二つ、同じ高さに並んでいます。ダムのやや上部に幅四・五メートル×高さ四・五メートルの穴が一つ開いています。穴の上流側は、やはり二〇センチメートルのすき間のスクリーン（金網）で覆われています。ダムの最上部には非常放水用の大きな穴が六つ開いています。

辰巳ダムの上流にも、二つの既存のダム（犀川ダムと上寺津ダム）があります。つまり、洪水時に流れる流木や土砂などの大半は既存のダムでカットされ、辰巳ダムには流れ込まないわけです。

3　浅川ダム（長野県）

浅川は、長野市を流れ千曲川（信濃川）に合流する全長一七キロメートルの二級河川です。浅川ダムは、浅川に長野県が建設中の、高さ五三メートルの重力式コンクリートダムです。浅川の洪水調節だけを目的としています。

二〇一四年八月一〇日に現地調査をした際、ダム本体が八割方完成していました。驚くことに穴のサイズは高さ一・四五メートル×幅一・三メートルが一つだけ。小学生の身長なみの高さで

上流側から見た辰巳ダム
2015年8月24日撮影

スクリーンの一部が水没した洪水の痕跡が見られ、スクリーンの内側に流木が引っかかっていた　2015年8月24日撮影

辰巳ダム上流の上寺津ダム。洪水時の流木や土砂の大半は、ここでカットされる
2015年8月24日撮影

建設中の浅川ダム　2014年8月10日撮影

城原川ダムが計画されている峡谷
2015年10月18日撮影

す。おまけに、穴の上流側は二〇センチメートルのすき間のスクリーン（金網）で覆われています。洪水のとき、流木などでふさがるのは間違いありません。

ダムの穴がふさがったら、ダムは洪水調節不能となり、洪水を貯め込むだけの状態になります。この浅川ダムは、田中康夫知事が「脱ダム宣言」で中止したのに、次の知事が復活させたものです。当時、「ダムの穴がつまって洪水調節不能になる、危険なダムである」という議論はなかったのでしょうか。

4　城原川ダム（佐賀県）

城原川ダムは、旧建設省が筑後川の支流の城原川（佐賀県神埼市）に治水、利水の多目的ダムとして建設を計画。一九七一年に予備調査に着手しましたが、賛成・反対両派が激しく対立し、計画は進みませんでした。一九九七年に同省のダム事業見直しで一時凍結され、二〇〇一年には流域の一三市町村（当時）が「利水は不要」と決議。国交省は二〇〇三年に治水目的に絞ったダム計画を提示し、古川康知事は二〇〇五年に同意しました。

現在、城原川ダムは高さ六〇メートルの「穴あきダム」として国交省の事業検証が行われており、ここでもダム以外の治水対策よりも「城原川ダム案」の事業費が一番安いと結論づけられています。穴のサイズは高さ二・一メートル×幅四・五メートルが一つだけです。

5　朴木砂防ダム（熊本県・川辺川上流）

川辺川上流の八代市泉町には、高さ二五メートルの朴木《ほうのき》砂防ダムがあります。洪水調節用の「穴あきダム」と砂防ダムでは目的が違いますが、ダム下部に大きな穴が開いている点では同じです。

国土交通省が情報開示した資料によると、朴木砂防ダムには下部に高さ二メートル×幅一・五メートルの穴が二つ、中央部に一・五メートル×一・二メートルの穴が二つ、上部に一・二メートル×一メートルの穴が三つ開いています。予想よりはるかに大きな穴がいくつも開いており、驚きました。

二〇〇五年九月の台風一四号の豪雨で、朴木砂防ダムの上流部には山腹崩壊した土砂が何キロにもわたり堆積しました。大量の土砂をため込んだ朴木砂防ダムは、洪水が終わった後も穴あきダムであるために、たまった土砂が露出し、今度はたまった土砂が侵食されて流れ出し、長期間下流の川辺川と球磨川を濁しました。

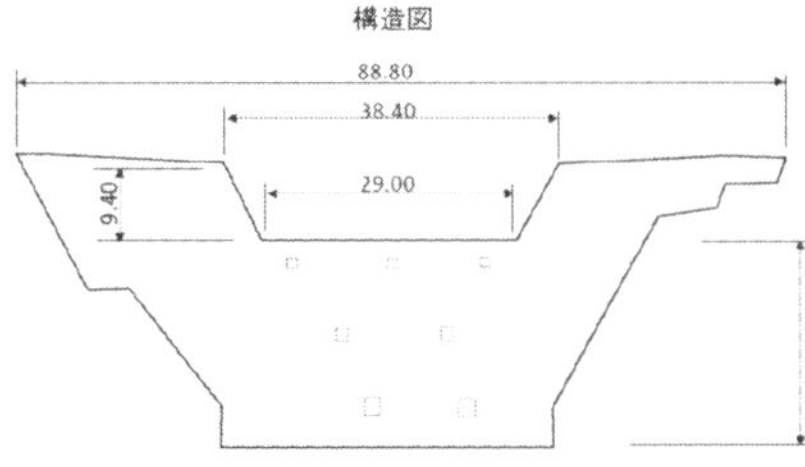

情報開示された朴木砂防ダムの下流面図

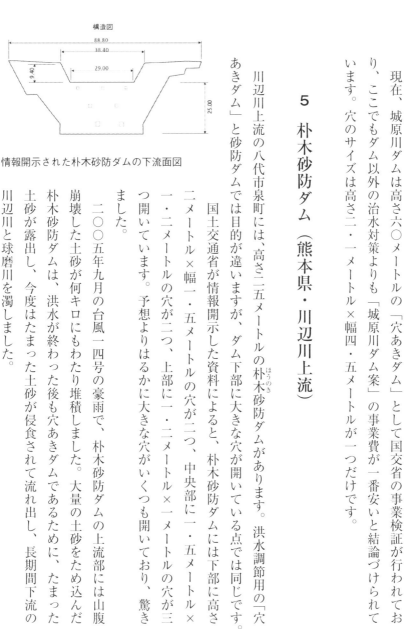

①ダム下部の穴（水没して見えない）から下流に濁水を流す朴木砂防ダム
2005年9月撮影

②ダム上流に大量の土砂がたまり、たまった土砂が侵食されて流れ出し、下流を濁す朴木砂防ダムの上流部　2006年1月撮影

③ダム下部の穴はふさがり、ダム中央部の穴から水が流れ落ちている朴木砂防ダム
2008年6月1日撮影

④ダムの上流は完全に土砂に埋まり、ダムの穴は全てふさがり、ダムの上から水が流れ落ちている朴木砂防ダム
2015年8月15日撮影

二〇〇八年六月にはさらに土砂がたまり、ダム下部の穴はふさがり、ダム中央部の穴から水が流れ落ちていました。二〇一五年八月にはダムの上流は完全に土砂に埋まり、ダムの穴は全てふさがり、高さ二五メートルのダムの上から水が流れ落ちている状態でした。

川辺川上流部と比べ、阿蘇カルデラは火山地帯であり、洪水時に流れる火山灰や岩石、土砂の量は比較にならないほど大きいと考えられます。**「ダムにたまる土砂が、ダムの水位が下がるとともに下流に流れていく」とする国土交通省の見解**は、ありえない事です。

	高さ	総貯水量	有効貯水量	堆砂容量	集水面積	湛水面積
益田川ダム	48 m	675 万㎥	650 万㎥	25 万㎥	87.6 ㎢	0.54 ㎢
辰巳ダム	47 m	600 万㎥	580 万㎥	20 万㎥	77.1 ㎢	0.42 ㎢
浅川ダム	53 m	110 万㎥	106 万㎥	4 万㎥	15.2 ㎢	0.08 ㎢
城原川ダム	60 m	355 万㎥	350 万㎥	5 万㎥	不明	不明
立野ダム	90 m	1010 万㎥	950 万㎥	60 万㎥	383.0 ㎢	0.36 ㎢

6　立野ダムとの比較

これまで見てきた五つの洪水調節用の穴あきダムを比較すると、立野ダムは、阿蘇カルデラ内が集水域となっており、集水面積が異常に広く、益田川ダムの四倍以上あります。その割には、湛水面積（ダム湖の面積）や総貯水量は大きくありません。

立野ダムの集水域は阿蘇火山のカルデラであり、雨量も多く、杉やヒノキの人工林も荒れており、今後も土砂災害が多く発生することが懸念されます。流出する流木や火山灰、土砂、岩石等も他のダムに比べて非常に多いことが予測されます。

また、益田川ダムと辰巳ダムの上流には既存のダムがあり、洪水時に流下する流木や土砂などの大半はそこでカットされます。立野ダムとは前提条件が全く違います。

【寄稿】立野ダム建設は、荒瀬ダムの建設と撤去に学ぶべき

環境カウンセラー　**つる詳子**

諫早湾の締め切りによるノリ養殖やタイラギ漁に被害が起こった時に、「五〇年前に荒瀬ダム建設が八代海に与えた被害が、そのことが教訓にされることなく今度

は有明海で始まった」と思ったものです。荒瀬ダムが計画された時に、球磨川河口の海面漁協に対しては、「ダム建設は海には影響を与えません」という説明のみで補償の話もありませんでした。その頃の八代地先の漁場では、殆どの漁業者が冬はアサクサノリ養殖を行い、夏はエビ漁で生計を立てていました。しかし、建設が始まると同時にノリ養殖に大きな被害が発生、対策を講ずるもノリ養殖は段々衰退していきました。その後砂の供給が途絶えた干潟は、泥干潟に変わり、エビやカレイ、カニなどの底ものと言われる魚種の生息場所や、殆どの八代海の魚の産卵場や稚魚の生育場は消失していったのです。

八代海に注ぎこむ大きな河川は、球磨川一つであるのと違い、有明海には多くの大河川が流れ込んでいます。白川以外に筑後川、矢部川、六角川、嘉瀬川、本明川、菊池川、緑川と七つも大きな一級河川が流入しています。一つの河川にダムができてもそう影響はないのかもしれません。しかし、現在各河川に多くのダム・堰が建設され、有明海は疲弊し、その最後の止めを刺したのが諫早の締め切り堤防ではなかったのでしょうか。今、これ以上の有明海に対する負荷が増えたら、有明海がどうなるのか誰でも容易に想像できることです。また、白川の河口漁業に対する立野ダム建設の影響は、荒瀬ダムやその他の河川に建設されたダム・堰がすでに証明しています。

河口から離れたところにある立野ダムは、河川生態系への影響も避けられません。穴あきダムといっても、ダムの上流には数メートルの厚さの泥が堆積することは国交省の資料でも明らかで、立野渓谷の美しい景観は損なわれます。下流側水面から、常用洪水吐の穴までの高さの河川横断構造物があるのと同じで、数メートルの堰が土砂や魚の移動を妨げ、生き物の生息場所を奪い、

球磨川河口の干潟。荒瀬ダムゲート全開後から干潟への砂の供給が進んで歩けるようになり、多くの市民がアナジャコ捕りを楽しんでいる　2015年5月17日撮影

順調に進む荒瀬ダム撤去工事。60年ぶりに昔の球磨川の流れが戻り、水質は格段によくなった　2015年12月27日撮影

河川環境に大きな影響を与えているのと何ら変わりはありません。

球磨川では、荒瀬ダム、瀬戸石ダム、市房ダムと三つのダム建設が八代海や球磨川に大きな被害をもたらしました。今、荒瀬ダムの撤去が進み、河口干潟には砂が戻りつつあり、カレイやガザミなど底ものの魚種は増えつつあります。殆ど消滅状態であった藻場の面積も増え、そこに休みにくるウナギや、産卵しにくるイカも増えているようです。しかし、残りのダムの存在が、球磨川の完全な回復を妨げています。河川に一つでもダムの建設を許せば、その影響は流域全体に及びます。

球磨川にダム建設を許して、六〇年。幸いにして、球磨川では荒瀬ダムの撤去が実現しましたが、ダムの問題は、ダムによる恩恵よりも、ダムにより失う財産の方が遥かに多いこと、また、ダムが建設されるまでの間より、建設後の方が流域住民を苦しめ、撤去しない限り永遠に続くところにあります。荒瀬ダムや諫早の締め切り堤防が私たちに何を教えたのか、白川流域住民のみならず、有明海沿岸の住民は立野ダム建設の是非を、将来を見据えて考えてほしいものです。

【コラム】日本の無駄なダムを嗤《わら》う

無駄な公共事業の典型といわれるダム事業。このコーナーでは無駄の極致と言えるダム事業を「厳選」して紹介します。

県知事自ら嘘のトップセールス　路木ダム

熊本県が天草市の路木川に作った治水・利水目的のダム。ダムによる治水計画の基になる一九八二年の水害というのが全くの嘘。路木川流域で水害はありませんでした。また蒲島郁夫熊本県知事は濁った水を見せながら、こんな水を住民が飲んでいる、だからダムが必要とテレビ番組で発言しましたが、これも嘘。どこかの浄化槽の洗浄水だったのです。天草市の人口や水需要は減少傾向なのに水需要はなぜか増加するとしてダム建設の理由にしています。ダム湖の濁った水を見るにつけ、嘘だらけの行政の犯した罪の深さを思います。

路木ダム湖　2014年7月21日撮影

ずさんな調査で中止判決　永源寺第二ダム

農水省が滋賀県永源寺町に建設予定だった農業用水用のダム。過去形としたのは二〇〇五年一二月、大阪高裁が「必要な調査を行わず工事を進めている永源寺第二ダム建設は違法」という判決を下し、確定したため。農水省は事業計画を定めるのに必要なダム地点の実施測量、ボーリング調査、ダム湖の航空測量、実地測量などを全く実施していませんでした。また、専門家による調査報告書も誤った事実を前提にしたものであり、法令上要請されるものにはなっていないと、判決は「御用学者」を断罪しています。この判決で農水省は、国民からはもとより同じ官僚機構の国交省からも批判され、マスコミからは「脳哀症」（朝日新聞）と揶揄される始末。日本の官僚が優秀だったのはもはや神話？

日本一の巨大ダムは日本一の無駄　徳山ダム

徳山ダムは水資源開発公団（当時。現水資源機構）が岐阜県揖斐川町に建設した、治水・利水・発電を目的とする多目的ダムです。堤高一六一メートル、総貯水容量六億六千万トンは日本最大規模です。しかし、発電量は一九七六年の当初計画の半分以下の約一五万キロワットとなり、「工業用水や水道用水として毎秒六・六トン使うはずだった水はいまだに一滴も使われていない。国の予測によると、木曽川水系の水は徳山ダムがなくても、通常時は五割以上も余る」とのこと（二〇一五年一月三一日付け朝日新聞記事）。水余り状況は、二〇〇〇年に岐阜県、愛知県、名古屋市が水利権の半分から三分の二を返上したり、徳山ダムの水を揖斐川から木曽川まで約四〇キロのトンネルで送る「木曽川水系連絡導水路」事業について、二〇〇九年、名古屋市が負担金の凍結を決定したりするなど自治体の動向からも明らかです。日本一の巨大ダムはもはや日本一の無駄と化したようです。

第6章　ダムによらない地域づくり

熊本県立大学名誉教授　中島熙八郎（京大論工博）

1　はじめに

三〇年くらい前には「ダム湖ができれば観光資源になる」などというダム建設を進める側の甘言には効き目が、少しはあったかも知れません。しかし、「ダムで栄えた地域はない」という多くの事実が、そのような「甘言」が「真っ赤な嘘」であることを白日の下に曝してしまいました。ダム湖を縁取る草も生えない赤茶けた法面、緑色に変色し異臭すら発生させる水面、風景を切り裂く巨大なコンクリートの塊、そして、何よりも人々の暮らしや歴史が絶えてしまった地に人を惹き付ける魅力があるはずはないのです。

さらに、水没のために移転を強いられた地域は、生業の基盤である土地・資源を失い、地域社会や産業の構造は失われ、壊滅的な人口減少など、地域・自治体の存続すら危機に瀕するという困難に見舞われたのです。

2　ダムの呪縛から脱しようとする五木村

周知のように川辺川ダム建設は、流域住民をはじめ多くの県民世論に押された二〇〇九年の国交大臣の「中止声明」によって止まりました。それまでの四十数年間、ダムに翻弄され続けた五木村は人口が四分の一にまで激減するなど、危機的状況にまで追い込まれていたのです。「ダム中止」は正式に決定されたわけではなく、制度的には、全く見通しが立たない状態にあります。

そんな中、五木村は、危機的な状況を脱する道の選択を迫られました。そして選んだのは「ダムによる」ではなく「ダムによらない」道でした。ダム関連の頭地大橋の完成後、村の中心であり、最も平地の集中する頭地、久領の水没予定地にスポーツ交流施設（五木源《ごきげん》パーク）、体験農業ゾーン、キャンプゾーン等を計画し、順次整備を進めています。

九七％を占める山林は歴史的にも村の産業の最大の基盤です。従来からの林業の再興と新しい木質バイオマス利用への発展を進めようとしています。それらを含め「エネルギー自給率日本一」を目指します。その他、まさに「ダムによらない」地域づくりへと大きく舵を切っています。

この道は「イバラの道」かもしれません。しかし、国や県の重圧の下、苦渋の中で選ばされた「ダムによる地域振興」ではなく、自らの力で切り拓いていく道にこそ、地域の本当の希望が見出せるのではないでしょうか。その意味からも、国は「ダム中止特措法」など、大型公共事業の中止後の地域の復興・再生を保障する制度を整備すべきなのです。

蒸気機関車 C12 が白川橋梁を渡る

昔の栃木温泉小山旅館の絵葉書

3　阿蘇の玄関口としての立野地域

立野の戸下温泉、栃木温泉は、四〇年ほど前までは修学旅行生が何百人も泊り、そこから阿蘇の各地を巡る旅に出ていました。済々黌高校の水球部は栃木温泉の温水プールが合宿練習の場となっていました。少し遡れば、中国辛亥革命の父孫文、野口雨情、ヘレン・ケラー、若山牧水、「五足の靴」一行、夏目漱石一行、西郷隆盛など歴史に名を刻む文人・人士が滞在・宿泊したという歴史を有するのです。また、福岡方面からの湯治客が押し寄せる所でもありました。熊本の七〇代以上の人々も「阿蘇の温泉と言えば戸下、栃木だった」と口をそろえます。

全国的には山田洋二監督、渥美清主演の映画「男はつらいよ」にも登場しています。当時は、まさに立野は阿蘇の玄関口であったのです。木造四階建はじめ和風旅館が、黒川や白川の渓流間近に接し、深い緑に包まれて建ち並び、その谷にかかる鉄橋をＳＬが走る情景は他に類を見ないものだったのです。

その後、道路の新設による主要ルートの変化やマイカーが主体となるに及び、その盛況は影をひそめました。そして、一九八〇年代に入り、立野ダム計画がこの地を襲います。数年後には旅館や家屋の移転が始まり、農地・山林の補償も妥結し、往時の情景は失われてしまったのです。

「ダム計画がなくても、どうせ衰退していたのではないか」という見方もあるかもしれません。しかし、立野ダム建設のために河川敷として囲い込まれることで、「他に類を見ない温泉地」という優れた資源を失ったことが地域再生の道を閉ざすことになったと言えるでしょう。

4　ダムによらない地域づくり～南郷谷・立野・白川の魅力を引き出す～

①立野ならではのキャニオニング

キャニオニングは、日本各地の三十数カ所で愉しまれている、まさに自然に身を浸すエコなスポーツです。数々の滝、巨石、渕や瀬、柱状節理や北向谷原始林など変化に富んだコースは絶好のサイトです。さらに、湯の流れ落ちる滝や、岩の間から流れ出す温泉があり、他地域に比べても特徴あるものです。さて、球磨川・川辺川ではラフティングが定着し、二〇を超える経営体が成り立っています。立野でのキャニオニングにも同様の発展可能性があります。しかし、立野ダムが出来てしまえば、その条件の殆どが失われることになるでしょう。

②立野駅〜戸下温泉跡〜栃木温泉跡〜鮎帰りの滝　探勝コースの整備

立野小学校グラウンドを駐車スペース・起点とします（駅までの歩道を整備）。同時に、建物は阿蘇の中の立野に特化した歴史、地質、動植物、四季折々の風景等資料の展示や立野の観光（キャニオニングを含む）に関するインフォメーションを提供するビジターセンター的な機能を持たせるのです。戸下温泉跡及び村営キャンプ場の見どころは春の桜、秋のモミジや銀杏の紅葉と柱状節理の壮大な屏風です。栃木温泉跡地へは上の道路から下っている歩道の危険個所の改良・整備によって到達することが可能になります。渓流沿いまで下りれば、岩の間から温泉が流れ出し、元旅館の湯船や露天風呂の跡が残り、少し手を入れれば「足湯」として復活させることは可能です。そこからは鮎帰りの滝はじめいくつかの滝も眺望できます。

③北向谷原始林の自然・歴史学習コース

北向谷原始林は阿蘇外輪山の「極相」と言われる一級の原始林です。これほど、大きな都市に近い原始林はありません。また、一九世紀に開かれた、南郷往還の短絡コース跡が残る場所でもあります。往還跡を適切に再生し、自然・動植物や道にまつわる歴史をガイド付きで学ぶ場として活用することが考えられます。

④南郷谷の田園を走る木炭ＳＬの夢

先にも述べましたが、現南阿蘇鉄道（旧国鉄高森線）にはＳＬの姿がありました。高森駅に静

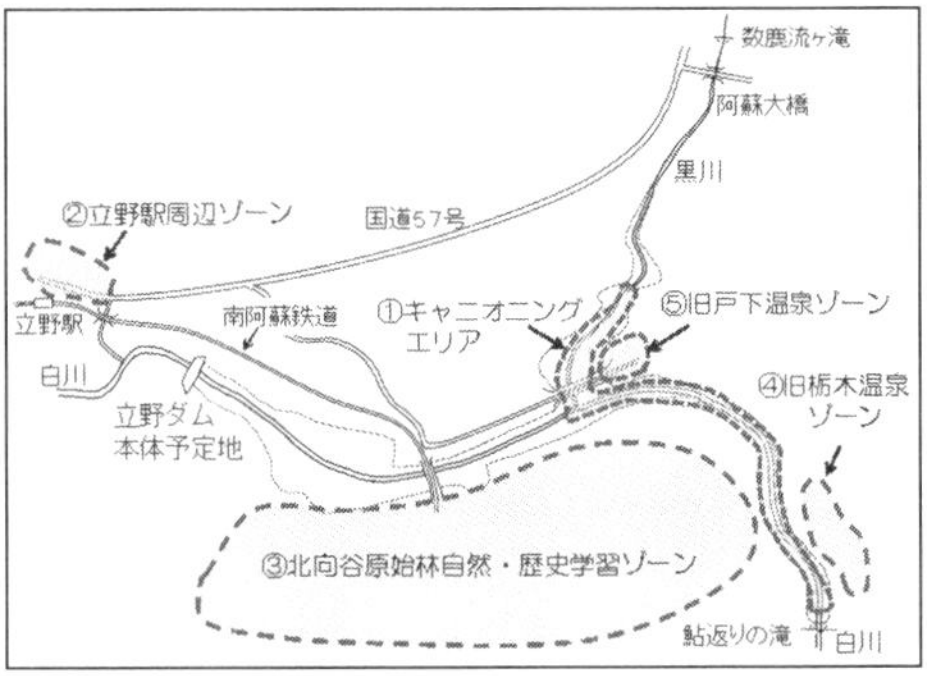

ダムによらない地域づくりマップ（立野峡谷周辺）

態保存されているＳＬは、自重が大きすぎて現在の線路状況では走らせられないのです。一方、現在人気のトロッコ列車を牽引している二台のディーゼル機関車は自重各一〇トンです。その重さの範囲内のＳＬが入手できれば、現在の線路でも走らせることができるでしょう。幸いなことに、日本には今もＳＬを新造している会社があり、製作費は定かではありませんが、資金を募ることができれば実現は不可能ではありません。阿蘇南郷谷にふさわしく木炭（薪）で走るものが望ましいのではないでしょうか。加えて、立野、高森両駅には転車台を設けます。新山口駅と津和野駅間を走るＳＬやまぐち号の津和野駅の転車台には、人だかりができるほどの人気があります。

さて、残念ながら、南阿蘇鉄道（南鉄）の経営は地域のみなさんの通常の利用料金だけでは足りず、観光客の乗車料金が大きな支えとなっています。「世界の阿蘇」南郷谷での木炭ＳＬの運行は県内外、全国、さらには海外からの多くの観光客をひきつけることでしょう。そのことによる収入の増加は保線をより完璧にし、経営安定さらに積極経営につながることでしょう。

資金については、関係町村と住民、熊本県民はじめ、全国のＳＬファンに呼びかけることや立野小学校跡グラウンドでのミニＳＬを走らせるイベントの開催などによって広く募る方法が考えられます。そのことを通して、「南鉄」、立野、阿蘇の存在を全国にアピールすることもできるのです。

5　おわりに

国交省のダム完成後の風景写真を見るにつけ、立野、阿蘇の自然、風景をぶち壊す以外の何物でもないことを痛感します。また、現地を踏査するにつけ、ダム建設計画自体が、そこに賦存する資源を活用して自治体・住民が主体的・自由に地域づくりを進めることを妨害するものであることも痛感されます。立野ダムは早急に中止するべきであり、その後をフォローするためにも「ダム中止特措法」の早期実現が待たれるところです。

【コラム】立野橋梁・白川橋梁とキャニオニング

立野峡谷にある、南阿蘇鉄道の立野橋梁と第一白川橋梁が、公益社団法人・土木学会の「奨励土木遺産」に選ばれました。ともに一九二〇年代、当時の最先端技術で建造されました。

第一白川橋梁（高さ六二メートル、橋長一六六メートル）は、足場を設けずに完成した日本最初の鋼製アーチ橋です。立野橋梁（高さ三四メートル、橋長一三九メートル）は、全国でも珍しいコンクリートの土台がない「トレッスル橋脚」が支えています。両橋梁とも、南阿蘇鉄道のトロッコ列車の最大の見所です。

ところが立野ダムができると、立野橋梁からのすばらしい眺めは巨大なコンクートの壁（立野

立野峡谷キャニオニング
2013年9月29日撮影

立野橋梁とトロッコ列車
2014年8月17日撮影

立野峡谷キャニオニング。温泉が流れ落ちる滝で体を温める
2013年9月29日撮影

ダム）で台無しです（裏表紙参照）。ダム満水時には、第一白川橋梁はほとんど水没してしまいます。何よりも、ダム建設で荒らされてしまった立野峡谷に、観光客は魅力を感じないでしょう。

立野峡谷では、キャニオニングも体験できます。キャニオニングは、フランスが発祥のアウトドア・アクティビティ。ウェットスーツにライフジャケット、ヘルメットを身につけて、絶景の立野渓谷を下ります。ゆるやかな流れに身をまかせて川を漂ったり、ウォータースライダーのように滑ったり、岩の上から滝壷に豪快に飛び込んだりと、さまざまな楽しみを体感できます。原生林に囲まれた「鮎返りの滝」からスタートし、四～五時間かけてゆっくりと南阿蘇の大自然を体で感じることができます。

南阿蘇でのキャニオニングの醍醐味は、渓谷から眺める素晴らしい景観です。五月の新緑の頃から一〇月中旬頃まで、季節によって様々な表情を見せてくれます。コース内には川の流れが速い場所や穏やかな場所、奇岩に囲まれた場所や、大小合わせて一〇〇以上の滝があります。中には温泉が流れ落ちてくる滝もあり、天然の温水シャワーを浴びることができます。専門ライセンスを持ったガイドの案内で、だれでも安心してチャレンジできます。

【寄稿】立野ダムができれば白川は死の川になる

白川漁協理事　**西島武継**

私は、三〇年位前に白川漁協の組合員になりました。その当時でも専業漁民はいませんでした。ほとんどが、川で楽しむのが主で別に仕事を持っているか、六〇歳以上の仕事を引退して魚とりに熱中している人達でした。

当時の白川にはアユ、フナ、ハエ、川カニ、ウナギ等々、結構沢山の魚がいました。なかでもある時とったウナギは、胴回りが人の腕位、体長一メートル近くもあって、てっきり川の主であろうと思い、写真にとって逃がしました。

漁は主に簗《やな》によるカニ漁で、多いときで年間一〇〇万円の漁獲収入を税務申告したこともあり

高速道路橋近くのやな場。モクズガニなどがとれる
2013年9月22日撮影

ました。多い人で、ひと簗で五〇万円から八〇万円位は漁獲収入があり、ひと簗で四ヶ月約六〇〇〇匹のカニをあげた記録がありました。

しかし近年、漁獲量が激減しており、かつて六〇〇〇匹もとれたカニが二〇〇匹を割り込むようになり、その他の魚もめったに姿を見なくなりました。その原因は、川の流量のことしか考えない現在の河川改修にあります。川の中に今まであった大石を、流れを良くするとの名目で取り去るなど、白川の川の中に眼に見える石が無くなり、魚の居場所がなくなっています。

特に昨年の雨で、立野ダム工事現場の機材や廃土が流され下流の魚の逃げ込む穴を埋めてしまい、下流の漁に決定的なダメージを与えています。今年とれたカニの中に、足が一本から四本ももげたものがいて驚きました。立野ダムの工事が本格的に始まれば、白川は完全に死の川になります。

【寄稿】ダム建設は自然破壊――立野ダム建設計画について

河内漁協　**木村茂光**

私は、有明海でノリ養殖をしている漁民です。

有明海のノリ養殖（熊本市河内町塩屋漁港沖）　2015年12月30日撮影

かっての有明海は、宝の海と呼ばれ自然豊かな海でした。ところが、一九九七年四月に諫早湾干拓事業で潮受け堤防が閉め切られ、有明海には異変が起こりました。潮受け堤防は海のダムです。有明海の潮の流れが遅くなり、潮受け堤防内の調整池から大量のヘドロと汚濁水が排出され、これにより大量の赤潮が発生し、海底は貧酸素状態になり、タイラギ等二枚貝は死んでいきました。海底は黒いヘドロで覆われ、底生生物もいなくなり、魚類の漁獲量は年ごとに減じ、今では魚類はほとんど獲れなくなり、漁では生活できない深刻な事態になっています。

今季の熊本県のノリは、秋芽ノリもほとんど採れず早々に網の撤去を行い、冷凍ノリ網を張ったのですが、ノリの根がつかず冷凍ノリも多くの地域で網を引き揚げています。

その上、今度は立野ダムの建設計画です。川を上流で締め切られると、これまで運んできていた栄養塩や砂が流れてこなくなります。川は自然な流れでこの海の豊かさを作ります。荒瀬ダムが撤去されて、球磨川下流と八代（不知火）海には多くの魚介類など生物が戻ってきています。洪水をなくすためには河川改修で十分で、ダムを造る必要はありません。

諫早干拓で有明海は大きな異変が起こり、その上に、立野ダム建設だと熊本県側の有明海は本当に「死の海」になってしまいます。

私は、海の自然を破壊する立野ダム建設を絶対許すことは出来ません。

参考資料・立野ダム関連年表

※太字は住民の動き

1969（昭和44）年	立野ダム予備調査着手
1979（昭和54）年	立野ダム実施計画調査着手
1983（昭和58）年	立野ダム建設事業着手・事務所発足
1984（昭和59）年	立野ダム損失補償基準妥結（宅地・建物）→旅館2戸、住家5戸、宅地2・5ha
1989（平成1）年	立野ダム損失補償基準妥結（農地・山林）→農地3・4ha、山林26・7ha
1993（平成5）年	地域整備計画についての協定書の調印（国・県・下流受益市町・旧長陽村） 白川水源地対策基金の設立（県・下流受益市町）
2000（平成12）年	白川水系河川整備基本方針策定
2002（平成14）年	白川水系河川整備計画策定
2010（平成22）年9月28日	立野ダム、「ダム事業の検証にかかる検討」の対象に選定
12月15日	立野ダム建設事業の関係地方公共団体からなる検討の場（準備会） 国、熊本県、流域7市町村（熊本市、阿蘇市、大津町、菊陽町、高森町、南阿蘇村、西原村）
2011（平成23）年1月24日	立野ダム建設事業の関係地方公共団体からなる検討の場（第1回）
8月23日	例年通り、幸山政史・熊本市長らが国土交通省に立野ダム整備再開を要請 （白川改修・立野ダム建設促進期成会：熊本市、菊陽町、大津町、南阿蘇村）
10月7日	**熊本市長に「立野ダム建設促進に対する抗議文」を提出（副市長が対応）**
10月14日	立野ダム建設事業の関係地方公共団体からなる検討の場（第2回） 国交省が立野ダム以外の治水策5案を提示
10月17日～11月15日	立野ダム建設事業の検証にかかる検討に関する意見募集（パブリックコメント）
12月1日	**国土交通省に「立野ダム建設中止を求める要望書」を提出**

	12月24日	２０１２年度政府予算案で立野ダム建設事業に４億７８００万円
	12月27、28日	**「立野ダム計画および阿蘇と白川流域の自然保護に関する要望書」を流域市町村と熊本県に提出**
２０１２（平成24）年	**5月19日**	**「立野ダムによらない自然と生活を守る会」結成集会**
	7月12日	白川流域で集中豪雨（九州北部豪雨）
	7月26日	**熊本市と熊本県に「7・12洪水に関する要望書」を提出**
	7月28、29日	**北向谷原始林現地調査、「北向谷原始林シンポジウム」**
	8月9日	**国土交通省に「白川の河川整備計画の変更と『立野ダム建設事業の関係地方公共団体からなる検討の場』に関する要望書」を提出**
	8月13日	**熊本市に「立野ダム促進陳情への抗議文」を提出**
	8月29日	**国土交通省に「『複数の治水対策案の立案』に関する要望書」を提出**
	9月11日	立野ダム建設事業の関係地方公共団体からなる検討の場（第３回） 国交省が「立野ダム建設事業の検証にかかる検討報告書（素案）」を提示
	9月18日	熊本市議会が「立野ダム建設推進を求める意見書」を可決
	9月22日	**熊本市で「7・12白川水害を検証する会」を開催**
	9月22～24日	「素案」に対する公聴会（熊本市、大津町、南阿蘇村）
	10月3日	熊本県議会が「立野ダム建設促進の意見書」を可決
	10月12日	**熊本市に「立野ダム公聴会開催を求める要望書」を提出**
	10月23日	熊本県が白川の県管理区間の新たな改修計画を発表
	10月24日	熊本県知事が国交省の立野ダム事業検証に対し「異存なし」と回答
	10月29日	国土交通省九州地方整備局の事業評価監視委員会が立野ダム事業継続を了承
	10月29日	国土交通省九州地方整備局は立野ダム建設予定地とその周辺で、ダム工事の影響で42種もの動植物が消失するか、その恐れがあると公表
	12月1日	**ブックレット『世界の阿蘇に立野ダムはいらない』発売開始**
	12月6日	羽田雄一郎国土交通大臣が立野ダム建設事業の「継続」を決定

	12月18日	立野ダム事業継続を容認した蒲島郁夫県知事に対し抗議文を提出
２０１３（平成25）年	1月19日	『世界の阿蘇に立野ダムはいらない』出版記念集会
	1月29日	国土交通省は２０１３年度補正予算に立野ダム事業費28億３２００万円を盛り込む
	2月6日	立野ダム事業費大幅増額に対する抗議文を蒲島郁夫県知事に提出
	4月26日	「ダムによらない治水・利水を考える県議の会」が熊本市で立野ダム問題学習会を開催
	5月18日	立野ダム予定地現地見学会 大津町で連続シンポジウム「世界の阿蘇に立野ダムはいらない」
	5月30日	「白川の安全を守るために立野ダムより河川改修を進めることを求める要望書」を国、熊本県、熊本市に提出
	6月12日	白川改修計画（熊本県管理区間）現時点での住民案を熊本県に提出
	6月15日	熊本県弁護士会（公害対策・環境保全委員会）が立野ダム予定地現地調査
	7月31日	「阿蘇の世界ジオパーク認定に向け立野ダム計画再考を求める要望書」を熊本県に提出
	8月28日	「立野ダム促進陳情への抗議文」を熊本市、熊本県に提出
	9月11日	熊本市で白川の改修を考える住民集会
	9月20日	熊本市で連続シンポジウム part3「世界の阿蘇に立野ダムはいらない」
	9月24日	日本ジオパーク委員会、阿蘇を世界ジオパークに推薦決定
	10月1日	国土交通省に公開質問状提出
	10月17日	国土交通省より「質問状には回答しない」と回答あり
	10月27日	南阿蘇村（久木野庁舎）で立野ダム問題学習会
	11月29日	熊本市で立野ダムを考えるつどい（県議の会主催）
	12月24日	２０１４年度政府予算案で立野ダム建設事業に34億５０００万円
２０１４（平成26）年	1月16日	立野ダム計画の説明責任を求める要望書を県に提出
	3月14日	県と国に立野ダム建設中止を求める署名提出（７９８０人分）

	4月16日	熊本市で「阿蘇の世界遺産、白川郷に学ぶ」お話を聞く会
	5月20日	白川改修・立野ダム建設促進期成会が、立野ダム本体工事の早期着工と事業の推進を強く要望する方針を決定
	6月4日	白川改修・立野ダム建設促進期成会に抗議文を提出
	7月12日	白川大水害2周年・ブックレット『ダムより河川改修を』出版記念集会
	8月5日	立野ダム促進陳情の熊本市長に抗議
	8月17日	第1回立野ダム予定地現地調査
	9月23日	阿蘇が世界ジオパークに認定
	11月26日	国交省が立野ダム仮排水路トンネル工事の安全祈願祭を開催 阿蘇中岳が火山活動を活発化
	11月27日	阿蘇の世界文化遺産認定に関する要望書を県知事に提出
	12月19日	国交省に立野ダム仮排水路着工に対する抗議文を提出
2015（平成27）年	1月14日	2015年度政府予算案で立野ダム建設事業に35億5400万円
	2月28日	緊急学習会「阿蘇火山と立野ダム」
	7月12日	白川大水害3周年シンポジウム「河川改修と立野ダムの必要性は」
	7月22日	国交省開示データ分析「河川改修で立野ダム不要」立野ダム計画撤回要請書を熊本県等に提出
	7月25日	南阿蘇村（白水庁舎）で立野ダム問題学習会
	9月29日	緊急報告集会「鬼怒川の堤防決壊から白川の安全と立野ダムを考える」
	10月4日	第2回立野ダム予定地現地調査
	10月13日	阿蘇ジオパークに関する意見書を阿蘇市などに提出
	11月26日	国交省に「立野ダムの穴の流木対策に関する公開質問状」を提出
	12月24日	2016年度政府予算案で立野ダム建設事業に41億9800万円

あとがき

かつて川辺川では、国土交通省は曲がりなりにも事業の節目ごとに地元住民に対し「川辺川ダム説明会」を開いてきました。二〇〇一年からの住民討論集会では、川辺川ダムの問題点が県民の前に明らかにされました。

国土交通省が球磨川の河川整備基本方針を策定する際に、二〇〇七年に球磨川流域の計五三会場で開催した「川づくり報告会」には、約一四〇〇名の流域住民が参加しました。国土交通省が公開した発言記録を見ても、河川改修などすぐにできる治水対策を求める声がほとんどで、全発言数八八七件のうち「治水のために川辺川ダムが必要」との発言はわずか四件でした。流域住民の声で川辺川ダム計画は白紙となり、現在はダムによらない球磨川の治水対策が協議されています。

ところが白川では、何度要望しても国土交通省は立野ダムの説明会を一度も開きません。本書で述べてきたような立野ダム建設に対する疑問や不安を質問状や要請書にまとめて提出しても、担当者は「上司に伝える」と繰り返すばかりです。熊本県や流域市町村に持って行けば「国の事業だから市や県は関与できない」と言います。

国土交通省は川辺川ダムに学び、住民に立野ダムを説明しようとはしません。住民向けの資料さえありません。立野ダム建設が住民のためになるのならば堂々と説明すればよいのに、なぜしないのでしょうか。国は立野ダムの問題点が明らかになることを恐れ、説明会さえ開けないと言わざるを得ません。そのような状況で、このままダムが建設されてしまえば、将来に大きな禍根を残します。

公共事業は本来、住民の税金で、住民のために行われるべきものです。にもかかわらず、住民に説明責任も果たさず、責任の所在さえ分からない事業は、「公共事業」とは呼べません。

ふる里の川を守る者は住民です。住民が闘う中で、川は「宝の川」へと育てられ、さらに多くの住民の目を開かせます。そして現在、一見推進派に見える流域の首長、議員、担当者を味方にすることによって最終的に勝利を勝ち得るのです。そのためには、まず問題点を知らなければなりません。本書が、阿蘇や白川、有明海、そして立野ダム問題を知るための手立てとなってくれたら幸いです。

なお、国交省が情報開示した資料や、私たちが提出してきた質問状や要請書などを「立野ダムによらない自然と生活を守る会」のホームページで見ることができます。是非ご覧ください。

二〇一六年二月一一日

立野ダム問題ブックレット編集委員会　代表　**緒方紀郎**

立野ダムによらない自然と生活を守る会　代表　**中島　康**

参考文献

「立野ダム事業概要」国土交通省九州地方整備局立野ダム工事事務所、平成二三年三月
「立野ダム事業概要」国土交通省九州地方整備局立野ダム工事事務所、平成二五年一〇月
「立野ダム建設事業の検証に係る検討報告書」国土交通省九州地方整備局、平成二四年一〇月
国土交通省九州地方整備局立野ダム工事事務所ホームページ
国土交通省が情報開示した資料（白川流下能力算定表、立野ダム常用洪水吐きにおける流木対策について、他）
熊本県が情報開示した資料（白川河道流下能力表、黒川河川激甚災害対策特別緊急事業計画概要、他）
一般社団法人九州地方計画協会ホームページ　黒川「小倉遊水地」について（後藤真一郎氏）
熊本県ホームページ
『阿蘇火山』松本徰夫・松本幡郎（東海大学出版社）一九八一年五月
『新・阿蘇学』熊本日日新聞、一九八七年
『阿蘇火山の生い立ち』渡辺一徳（熊本日日新聞情報センター）二〇〇一年三月
『猫岳子の阿蘇火山の本』阿蘇ミュージアム、二〇〇六年三月
『阿蘇遺産』阿蘇地域振興デザインセンター、二〇〇三年五月
『阿蘇くじゅう国立公園パークガイド　阿蘇』一般財団法人自然公園財団、二〇一一年七月
『阿蘇カルデラの地域社会と宗教』吉村豊雄・春田直紀（清文堂）二〇一三年三月
『ＯＵＴＤＯＯＲ　ＡＣＴＩＶＩＴＹ』南阿蘇村役場企画観光課ほか、二〇一四年四月
熊本市水保全課ホームページ
熊本日日新聞ホームページ

編者　立野ダム問題ブックレット編集委員会
立野ダムによらない自然と生活を守る会

連絡先　立野ダム問題ブックレット編集委員会
〒862-0909　熊本市東区湖東 2-11-15　緒方紀郎宛
電話 096-367-9815

立野ダムによらない自然と生活を守る会
〒860-0073　熊本市西区島崎 4-5-13　中島康宛
電話 090-2505-3880
http://stopdam.aso3.org/

阿蘇ジオパークに立野ダムはいらない——ダムが阿蘇・白川・有明海に与える影響

2016年2月20日　初版第1刷発行

編者 ——立野ダム問題ブックレット編集委員会
立野ダムによらない自然と生活を守る会
発行者 ——平田　勝
発行 ——花伝社
発売 ——共栄書房
〒101-0065　東京都千代田区西神田2-5-11出版輸送ビル2F
電話　03-3263-3813
FAX　03-3239-8272
E-mail　kadensha@muf.biglobe.ne.jp
URL　http://kadensha.net
振替 ——00140-6-59661
装幀 ——佐々木正見
印刷・製本—中央精版印刷株式会社

ISBN 978-4-7634-0768-9 C0036